Michael von Känel

Band 8

I0446623

Die Wirkung von Wasser auf unsere Gesundheit

Wie Wasser nicht nur unseren Durst stillt

Teil 8 von 10

aus der Serie «Die Wirkung von…»

Copyright und Layout:

Michael von Känel, BE/Schweiz

Inhalt

1 Einleitung

Über Wasser und seine Wirkung ein Büchlein zu schreiben, könnte durchaus als überflüssig erscheinen. Denn Wasser ist etwas völlig Alltägliches und Normales.

Aber gerade darum kann es uns als gutes Beispiel dienen. Denn wer damit anfängt, sich über normale Dinge im Alltag Gedanken zu machen, der kann vieles entdecken und erfahren. Und bei Wasser ist dies besonders hilfreich. Denn Wasser ist nicht nur einer der wichtigsten Bausteine des Lebens. Nein, gleichzeitig hält es sehr vieles am Leben und am Laufen.

Und insbesondere zeigt uns Wasser durch seinen ewigen Kreislauf auf, dass es immer weitergeht.

Kaum etwas in unserem Leben hat auf den verschiedenen Betrachtungsebenen so viel zu bieten. Und kaum etwas hat so viel Einfluss auf uns, auf unser Leben, unsere Gesundheit und unser Wohlbefinden.

Dass nicht nur physische, sondern auch diverse philosophische Aspekte mit dem Wasser eng zusammenhängen, dürfte sich also von selbst erklären.

Aber um den Hauptgrund für das Thema Wasser und dieses Büchlein hier aufzuführen:

Wasser nimmt sehr leicht Energie auf, speichert sie, leitet sie weiter und neutralisiert sie in Verbindung mit Salz.

Und wer das schon mal weiss, der versteht sehr viele Ursachen und Wirkungen auf einmal viel besser und sieht klarer.

Es kommt nicht von ungefähr, dass jeder Wassertropf früher oder später ins Meer fliesst. Und es ist auch kein Zufall, dass das Meerwasser salzig ist.

Wasser wirkt für unsere Erde und alles, was darauf lebt, wie ein grosses Reinigungssystem. Und weil gemäss den hermetischen Gesetzen alles im Kleinen so funktioniert wie im Grossen, dürfen wir davon ausgehen, dass Wasser auch in unserem Körper ähnlich wirkt wie auf unserer Erde.

Wie und warum dem so ist, das ist eine Frage von Ursache und Wirkung. Und darum geht es in diesem Büchlein: Die Wirkung von Wasser; und warum es wie wirkt…

Begeben wir uns also direkt in die Thematik und versuchen wir im nächsten Kapitel erst mal einen Überblick über das Wasser an sich zu gewinnen.

2 Wasser – Ader des Lebens

Für die Physik ist Wasser eine wichtige Bezugsgrösse. Unser Temperatursystem wurde aufgrund des Gefrierpunktes und des Siedepunktes von Wasser definiert.

Auch das Gewichts- und Volumensystem bezieht sich auf das Wasser: Ein Liter Wasser entspricht einem Kilogramm Gewicht und einem Kubikdezimeter Masse. Anhand dieser Gleichsetzung können alle anderen Masseinheiten abgeleitet werden. Denn Wasser hat die Dichte von 1. Und jeder andere Stoff wird in Bezug auf seine Masse somit mit Wasser verglichen.

Wasser hat drei typische Aggregatszustände: Es kann in fester Form als Eis, flüssig als Wasser und gasförmig als Wasserdampf oder Dunst in Erscheinung treten. Und somit hat Wasser für unser Wetter und unser Klima eine weitreichende Bedeutung.

Wasser speichert und transportiert sehr viel Energie in Form von Wärme. Die grossen Meeresströme, wie etwa der Humboldtstrom oder der Golfstrom, sind für das Klima der Erde, für Mensch und Tier von zentraler Bedeutung.

Wasser kommt in Form von ewigem Eis an den Polarkappen der Erde und im Hochgebirge vor. Dieses Eis macht in etwa 1,75 Prozent der Gesamtwassermenge auf der Erde aus. Zurzeit ist das Eis am Abschmelzen, so dass aus dem Eis zuerst Süsswasser und dann Salzwasser wird.

Süsswasser macht nur ca. 0,75 Prozent allen Wassers auf der Erde aus. Es kommt über Regen, Schnee oder Kondensation auf die Erdoberfläche und fliesst dort ab oder versickert. Wenn versickertes Wasser wieder an die Erdoberfläche kommt, dann nennen wir es eine Quelle. Quellen liefern wohl das kostbarste und gesündeste Wasser für uns Menschen, sofern der Boden nicht belastet ist, durch den das Wasser fliesst.

Quellwasser fliesst zusammen mit dem Oberflächenwasser in Bächen und Flüssen dem Meer entgegen. Ab und zu macht es Halt in natürlichen oder künstlich erschaffenen Seen. Und dann, wenn sich ein Fluss ins Meer ergiesst, und all die Wassertropfen wieder in ihren Ursprung einkehren, vermischt sich das Süsswasser mit dem Salzwasser. Gemischt mit Salz können wir Wasser nicht mehr trinken. Und dass Salzwasser über 97 Prozent aller Wasservorkommen auf Erden ausmacht, sollte uns zu denken geben.

Denn wir nutzen ja insbesondere das Süsswasser auch noch zu weitaus weniger hehren Zwecken als nur zum Trinken. Für Körperpflege, Haushalt, Industrie, Transport und so weiter nutzen wir kostbares Trinkwasser und verunreinigen es dadurch.

Zwar denken wir, dass über Abwasserreinigungsanlagen das Wasser wieder geklärt und somit sauber ins Gewässersystem übergeben werde. Aber das ist ein Irrtum! Denn so, wie Mikroplastik auf unsichtbare Weise unsere Weltmeere verschmutzt und insbesondere in der Tierwelt grossen schaden anrichtet, verschmutzen Chemikalien, Hormone, Nanopartikel und diverses mehr unser Wasser.

Menschen, die oben am Wasserkreislauf leben, sind sich wenig bewusst, dass sie ihr Abwasser in Flusssysteme ableiten, die weiter unten zur Trinkwasserversorgung verwendet werden. Und was gewisse Verunreinigungen für Mensch und Tier bedeuten, das ist die Wissenschaft erst nach und nach am Herausfinden.

Aber Unfruchtbarkeit bei den Männern, Verhaltensveränderungen bei den Kindern, chronische Krankheiten, die Verarmung der Artenvielfalt und die Belastungen der

Ökosysteme dürften viel grösser sein, als wir landläufig annehmen würden. Denn wir drücken ja einfach den Knopf unserer WC-Spülung und dann erledigt das abfliessende Wasser die Drecksarbeit. Aber dass wir bei jedem Geschäft bis zu zehn Liter sauberes Trinkwasser verschmutzen und in die Abwasserreinigungsanlage einleiten, wo sich dieses Wasser mit Chemikalien und vielen anderen Stoffen mischt und zusätzlich verunreinigt wird, daran denken wir nicht.

Eine Abwasserreinigungsanlage kann zwar Phosphate, also Düngestoffe im Wasser recht gut aus dem Wasser herausarbeiten. Aber alles andere an Verunreinigungen bleibt im Wasser. Es gibt keine Möglichkeit, Chemikalien, Hormone und dergleichen zu entfernen. Und so bleibt das einzige Mittel, um Wasser noch einigermassen sauber zu halten in der Verdünnung mit grossen Mengen sauberen Trinkwassers in unseren öffentlichen Gewässern.

Aber wir wollen hier nicht über die Umweltproblematik schreiben. Denn das ist eine Ursache, die der Mensch hervorbringt. Uns geht es hier vielmehr um Wasser und seine Wirkung.

Und obwohl wir Wasser als etwas sehr Kostbares kennen, kann Wasser auch vernichtend und tödlich wirken. Denn bei Überschwemmungen, bei Tsunamis, bei Gletscherläufen und Dammbrüchen wirken die Wassermassen mit einer solchen Kraft auf die Landschaft und Lebewesen ein, dass sie imstande sind, fast alles zu zerstören, was sich ihnen in den Weg stellt.

Ja, Wasser ist flüssig und weich. Aber es ist in der Lage, fast alles abzutragen. *Steter Tropfen höhlt den Stein.* Und auch in der Landschaftsgestaltung ist Wasser, wirkend über die Gravitation, eines der bedeutendsten Wirkungselemente. Denn jeder Wassertropfen trägt dazu bei, dass Berggipfel abgetragen und Meere aufgefüllt werden.

Aber Wasser wirkt eben nicht nur äusserlich. Wir als Menschen wissen dies sehr gut. Denn wenn wir nicht täglich genügend Flüssigkeit zu uns nehmen, dann leiden wir an Dehydrierung, an Unwohlsein, zum Beispiel in Form von Kopfschmerzen, oder wir können sogar ernsthaft erkranken.

Und das sind nur die Erscheinungen in unserem physischen Körper. Denn Wasser interagiert sehr stark mit Energien. Und somit hat es auch grossen Einfluss auf unsere Energiekörper.

Und weil Wasser nicht nur unser Kreislaufsystem und unseren Zellaufbau am Laufen hält, sondern auch sehr stark energetisch auf uns wirkt, gehen wir im nächsten Kapitel detaillierter darauf ein.

Hier aber wollen wir das Thema Wasser in Bezug auf seine innere Bedeutung noch zum Abschluss bringen.

Wenn man fragen würde, was das Gegenteil von Wasser sei, dann würde man höchstwahrscheinliche «Feuer» zur Antwort erhalten.

Natürlich ist diese Antwort nicht falsch, auch wenn sie eigentlich abstrus ist. Denn das Verhältnis zwischen Wasser und Feuer ist in etwa genauso wenig gegenteilig wie ein Vergleich zwischen Sonne und Mond.

Aber jeder von uns fühlt, dass zwischen Wasser und Feuer eine nicht logisch begründbare Beziehung besteht.

Diese Beziehung ist für Menschen, die sich mit inneren Lehren befassen, sehr bedeutungsvoll. Denn es geht um die zwei Aspekte im Leben, die sich gegenseitig ergänzen und begünstigen.

So wie Ying und Yang zusammenspielen, spielen auch Wasser und Feuer zusammen. Und auf gleicher Basis verhalten sich männliche und weibliche Aspekte miteinander.

Während das Männliche tendenziell gibt, empfängt das Weibliche eher. Und wenn die Sonne Energie aussendet, dann nimmt Wasser diese Energie auf.

Dieses Beziehungssystem ist auch für uns Menschen sehr wichtig. Denn das *duale Prinzip* wirkt auch in uns. Was wären wir ohne unseren Willen, unsere Tatkraft und unser Durchsetzungsvermögen?

Und wie wäre unser Leben, wenn wir keine Emotionen empfinden dürften und uns die «weichen» Anteile unseres Wesens fehlen würden?

Wasser hat Einfluss auf unsere Psyche. Einerseits hat es diesen auf einer sehr hohen Ebene, wo wir ihn kaum mit unserem Verstand wahrnehmen können. Aber auch auf tieferen Ebenen wirkt Wasser stark auf uns. Seine wichtigste Wirkung ist wohl, dass Wasser negative Energien in unseren Energiekörpern absorbiert und aus dem Körper ableitet.

Ein Wissenschaftler würde dieser letzten Aussage wohl widersprechen. Denn es ist für die Wissenschaft unmöglich, dieses Phänomen empirisch zu beweisen. Und somit gehen

Wissenschaft und Schulmedizin davon aus, dass Wasser insbesondere als Ausgangs- und Betriebsstoff für biologische Vorgänge wie Zellwachstum, Blutzirkulation etc. von Bedeutung sei. Aber wie genau entsteht das Unwohlsein, wenn wir sehr stark an Durst leiden? Ist es der Durst selbst, oder sind es all die Bereiche unseres Körpers, die nicht mehr richtig funktionieren, weil einerseits Flüssigkeit fehlt, und andererseits das Mass an verbrauchten, also negativen Energien überhandnimmt?

Wir lassen uns hier nicht auf diese Diskussion ein. Wir nähern uns ihr aber in den nachfolgenden Kapiteln an.

Denn wer weiterkommen will, der tut gut daran, sich selbst Gedanken über die Wirkung der Dinge zu machen. Und wenn dieses Büchlein gewohnte Bahnen verlässt, dann nicht, weil es recht haben will, sondern weil es das Nachdenken inspirieren will. Denn vielleicht gibt es da in den verschiedenen Bereichen unseres Lebens wirklich mehr, als dass man weiss, und man uns sagt…

Und darum gehen wir die Thematik an, indem wir die Wirkung von Wasser auf unseren Körper ganzheitlich zu erklären versuchen. Selbst wenn wir dabei natürlich nur an der

Oberfläche bleiben können. Denn alles, was mit Leben und mit Lebensenergie zu tun hat, reicht sehr viel weiter, als dass wir es in einem kleinen Büchlein fassbar machen könnten…

3 Wasser für unseren Körper

Wir sollten gemäss medizinischen Richtlinien mindestens einen Liter trinken pro Tag. Je nach Quelle ist sogar von bis zu drei Litern die Rede.

Tatsache ist, dass man fast nicht zu viel trinken kann. Sofern es sich um Wasser handelt. Denn unser Körper scheidet überflüssiges Wasser sehr schnell und problemlos über das Harnsystem wieder aus.

Viel Wasser zu trinken, schadet also nicht, im Gegenteil! Hingegen schadet uns ein übermässiger Konsum von Süssgetränken, Kaffee, Schwarztee, Alkohol oder stark kalorienhaltigen Produkten wie Milchgetränken. Denn hierbei handelt es sich nicht mehr um klare Flüssigkeiten, sondern um Nahrungs- und Genussmittel.

Wasser wirkt in unserem Körper reinigend und aufbauend. Aber zum Beispiel Kaffee oder Alkohol wirken gegenteilig. Koffein oder Alkohol sind Substanzen, die eine stimulierende Wirkung in unserem Körper und auf unsere Psyche haben. Aber gleichzeitig dehydrieren sie unseren physischen Körper und führen bei erhöhtem Konsum zu Unwohlsein, Kopfschmerzen und so vielem mehr.

Darum ist es gut, wenn wir, wann immer möglich, reines Wasser trinken. Denn nur dieses hat eine rundum positive Wirkung.

Wasser liefert für unseren physischen Körper all die Flüssigkeit, die er zum Bestehen und zum Erbringen biochemischer Leistung braucht. Das Wasser dient dabei als Träger, Betriebsstoff oder als Bestandteil. Denn der menschliche Körper besteht zu etwa siebzig Prozent aus Wasser. Und viele Prozesse und Abläufe in unserem Körper nutzen das Wasser genau so, wie auch Ökosysteme oder das Klima die Vielzahl von Eigenheiten von Wasser nutzen.

Unser Blutkreislauf basiert auf Flüssigkeit, die Wasser als Grundlage hat. Blut führt den Zellen Energie in verschiedener Form zu und führt verbrauchte Stoffe und Energien wieder ab.

Unsere Organe wie Leber und Nieren könnten nicht arbeiten, wenn das, was sie zu reinigen haben, nicht in flüssiger Form an sie herangetragen würde.

Unser Harnsystem führt dann all die negativen und verbrauchten Stoffe unseres Körpers ab und scheidet sie dank der Flüssigkeit leicht aus.

Je weniger Flüssigkeit ein Körper zur Verfügung hat, je mehr Reibungsverluste entstehen in den verschiedenen Prozessen. Dies schmälert unser Leistungsvermögen und unser Wohlbefinden. Und darum ist es wichtig, dass wir genügend trinken. Denn klare, saubere und unbelastete Flüssigkeit in Form von Wasser wirkt in unserem Körper wie Öl in einem Motorengetriebe.

Aber das ist eben noch lange nicht alles!

Jeder Organismus besteht aus Materie. So auch unser physischer Körper. Aber unsere Gefühle und Gedanken bestehen ja nicht aus Materie. Sie schwingen höher und sind daher energetisch.

Und alles, was lebt und sich bewegt, kann dies nur tun, wenn es Energie zur Verfügung hat.

Ein Elektromotor ist nichts als tote, physische Masse, wenn man ihm keine Energie in Form von Elektrizität zuführt.

Und genau so ist unser physischer Körper nur eine tote Hülle, bestehend aus Zellen verschiedener Art. Erst die Lebensenergie führt dazu, dass unser physischer Körper belebt wird und so wunderbar und vielfältig funktionieren kann.

Und so wie Wasser dazu dienen kann, elektrische Energie als Energieträger zu speichern und zu leiten, kann Wasser eben auch in unserem Köper die verschiedenen Arten von Energie leiten, verteilen und wieder abführen.

Wer klares, frisches Quellwasser energetisch untersucht, wir sprechen hier von *Mesmerismus* oder anderen energetischen Methoden, der stellt fest, dass dieses viel positive Energie enthält. Insbesondere Licht- und Erdprana sind gut vertreten.

Wer Urin energetisch untersucht, also das getrunkene Quellwasser, nachdem es seine Aufgabe in unserem Körper erfüllt hat und wieder ausgeschieden wird, der stellt eine grosse Menge negativer Energien verschiedener Art fest.

Wenn ein Mensch viel Wasser trinkt, dann ist sein Harn weniger mit negativen Energien belastet, als wenn er wenig Wasser trinkt. Das liegt einerseits daran, dass der Körper bei genugend Wasser schon mal weniger negative Energien erzeugt, weil alle Prozesse reibungsloser laufen. Andrerseits kann eine grössere Menge an Wasser auch leichter alle Arten von Energie aufnehmen und abführen. Und so erscheint es logisch, dass bei höherem Wasserkonsum anteilsmässig weniger negative Energie pro Deziliter Flüssigkeit anfällt als bei niedrigerem Konsum.

Es nützt nichts, wenn wir hier noch länger würden. Denn es ist nicht möglich, noch mehr zu erklären und zu begründen. Am besten testet man selbst, wie man sich fühlt, wenn man regelmässig und in genügender Menge qualitativ hochwertiges Wasser trinkt.

Wer dies tut, wird sehr rasch ein erhöhtes Wohlbefinden feststellen. Dies aber nur, wenn nicht schwerwiegende Umstellungen in Bezug auf gewisse Gewohnheiten damit verbunden sind. Denn wer viel Kaffee oder Alkohol trinkt, der hat in den ersten Tagen mit Entzugserscheinungen zu kämpfen. Diese trüben das Wohlbefinden stark. Sie verschwinden aber, sobald unser Körper die negativen Stoffe ausgeschieden hat und auch die Wirkung der Elementale auf energetischer Ebene aufgrund des Konsumverzichts, also dem Ablegen der negativen Gewohnheiten, nachgelassen hat.

Aber eben, man kann lange schreiben und erklären. Tatsache bleibt, dass Wasser positiv wirkt, weil es einerseits gute Energie zuführt, und andrerseits negative Energien aufnimmt und ableitet. Und wer energetisch arbeitet, der weiss, dass besonders im Abführen negativer Energien sehr viel Wohlbefinden und Gesundheit zu finden sind.

Alles, was wir fühlen, nehmen wir mittels unserer Körper wahr. Äussere Einflüsse oder physische Empfindungen in unserem Körper nehmen wir über unsere fünf Sinne, also eigentlich über unseren physischen Körper wahr. Unterstützt wird dieser dabei vom Ätherkörper. Denn der Ätherkörper liefert dem physischen Körper die Lebensenergie dafür, dass dieser funktionieren kann.

Wenn wir Emotionen empfinden, dann geschieht dies in unserem Astralkörper. Astralenergie schwingt feiner und höher als ätherische Energie.

Noch einmal höher schwingen unsere Gedanken. Diese finden in unserem Mentalkörper statt.

Und dann gäbe es noch den Kausalkörper und den buddhischen Körper.

Alle diese Energiekörper zusammen machen uns als Menschen zu einem ganzheitlichen Wesen, das handeln, fühlen und denken kann – und noch so vieles mehr!

Der Einfachheit halber wird dieses komplexe Zusammenspiel oft vereinfacht dargestellt. Man redet dann von Körper, Geist und Seele.

Wir übernehmen diese Vereinfachung für das nächste Kapitel und stellen uns, nachdem wir dies in diesem Kapitel für unseren physischen Körper getan haben, der Frage, wie denn Wasser auf unseren Geist wirkt. Und das Gleiche werden wir im übernächsten Kapitel dann auch noch in Bezug auf unsere Seel zu tun versuchen.

4 Wasser für unseren Geist

Es ist niemals möglich, die Wirkung von Wasser auf unseren Geist ganzheitlich zu erfassen und zu umschreiben.

Es ist dem Autor nur möglich, gewisse Tatsachen weiterzugeben, die er selbst und im Austausch mit anderen feinfühligen Menschen zu ergründen vermochte. Und natürlich gibt es viele Seiten Literatur darüber, wo bereits vor über hundert Jahren wissende Menschen versucht haben zu erforschen, wie Ursache und Wirkung im Innern unseres Körpers wirken, nicht nur auf physischer, sondern eben auch auf geistiger Ebene.

Nun, fangen wir mal damit an, dass unsere Leistungsfähigkeit zwei Komponenten hat: Einerseits wäre da der physische Körper mit seinen Voraussetzungen und seinem momentanen Gesundheitszustand. Je weiter wir an unseren Voraussetzungen gearbeitet und diese entwickelt haben, je mehr Potenzial können wir rein theoretisch ausschöpfen. Und je fitter und gesünder wir sind, je mehr Leistung sind wir imstande zu erbringen.

Aber jeder Spitzensportler weiss, dass physisches Leistungsvermögen nichts nützt, wenn nicht auch die mentalen Voraussetzungen dafür gegeben sind, dass Höchstleistungen möglich werden.

Wenn ein Spitzensportler zum Beispiel Angst hat, dann kann er noch so gut trainiert sein, und er kann noch so physisch gesund und fit sein, er wird keine Topleistung erbringen können.

Und wenn er keinen Sinn mehr in seiner Tätigkeit sieht, dann wird er niemals an die gleiche Leistung herankommen, wie wenn er voll motiviert ist.

Wir erkennen, dass der Geist in uns eine starke Wirkung hat. Aber welches Potenzial in der Entwicklung unserer geistigen Fähigkeiten verborgen liegt, das können wir nur selbst erfahren. Denn unseren Geist können wir nur über Selbsterfahrung erfassen, nicht über Theorie.

Aber das tut hier eigentlich gar nichts zur Sache. Wichtig ist nur, dass wir erkennen konnten, dass unser Geist einen wichtigen Part einnimmt in Bezug auf unser Leistungsvermögen.

Und so gesehen macht unser Geist eben einen grossen Teil von unserem Wesen aus.

Wenn es darum gelingt, unseren Geist positiv zu beeinflussen, dann hat das auf unser Leistungsvermögen eine viel grösser Auswirkung, als dass wir das jemals annehmen würden. Denn wenn *der Wille Berge versetzen kann*, dann kann der Wille auch unsere Leistung enorm beeinflussen.

Und da unser Wille nur ein Aspekt unseres Geistes ist, wird ersichtlich, wie weit die Thematik um unsere geistigen Möglichkeiten reicht.

Aber alles in unserem Geist funktioniert nur über Energie, nicht über Materie. Zwar ist ein Teil unseres Geistes auf unser physisches Gehirn angewiesen. Aber unser Gehirn wirkt in etwa so wie die Hardware bei einem Computer. Die Software aber, und all das Energetische unseres Geistes, basiert vollumfänglich auf energetischen Prozessen. Und damit diese Prozesse vonstattengehen können, braucht es eine gute Energiezufuhr. Und der Energiesatz lehrt uns, dass jede Energie, dann, wenn sie Arbeit verrichtet, sich in ihrer Form wandelt.

In unserem Fall des Geistes wird darum aus positiver mentaler Energie negative mentale Energie.

Wir kennen dieses Phänomen alle: Zu Beginn einer Sitzung oder Konferenz sind alle Beteiligten fit und munter. Nach zwei Stunden intensiver Denkarbeit aber fangen die Teilnehmenden an zu gähnen. Und so wie die Luft im Raum dick und stickig wird, füllt auch negative verbrauchte Mentalenergie den Raum an und lähmt des geistige Leistungspotenzial der Denkerinnen und Denker.

Eine Pause ist fällig, um sich auszuruhen, zu entspannen und frische Energie zuzuführen.

Viele trinken in solchen Fällen Kaffee. Sie denken, der bringe sie wieder auf Zack. Dabei tut das Koffein das Gegenteil: Es quetscht noch das restliche Potenzial aus den gegebenen Energiereserven heraus. Kaffee betreibt also eigentlich Raubbau mit unseren geistigen Ressourcen.

Andere Essen etwas, meist etwas Süsses; ebenfalls, weil sie denken, sie würden durch diese Energiespritze auf physischer Ebene wieder leistungsfähiger. Aber auch hier haben wir es mit einer Täuschung zu tun: Das Verdauen des Essens benötigt mehr Energie, als dass es dem Geiste zukommen lässt. Und der Zucker führt zu einer kurzen Energiespitze, die von einem starken Abfall gefolgt wird. Und so kommt es, dass nach einer Konferenz von zwei Stunden für viele die Luft raus ist und sie nicht mehr auf hohem Denkniveau leistungsfähig sind.

Der Wissende aber trinkt in solchen Fällen Wasser und begibt sich an die frische Luft – am liebsten in der Nähe von Bäumen.

Er tut dies, weil er seinen Geist mit neuer, frischer Energie nähren will, und weil er weiss, dass nach intensiver Denkarbeit viel negative, also verbrauchte Energie abzuführen ist.

Wasser führt etwas neue Energie zu. Aber vor allem nimmt es viel verbrauchte Energie auf, ähnlich wie ein Schwamm. Wer viel Wasser trinkt, der kann auch häufiger auf die Toilette. Und so wird die verbrauchte Energie endgültig aus dem Körper ausgeschieden.

Frische Luft führt viel neue Energie zu. Auch Natur, vor allem Bäume, begünstigen die Aufnahme von positiven Energiearten, da sie diese ausströmen.

Wenn unser Körper nicht mehr mit dem Handling von negativen Energien beschäftigt ist, kann er neue, positive Energie sehr schnell absorbieren und in die verschiedenen Arten von Energie aufbereiten. Und so wird aus Licht-, Baum- und Erdprana, das bei einem fünfminütigen Spaziergang draussen aufgenommen werden kann, viel ätherische, astrale und mentale Energie.

Wer seine verschiedenen Körper auf das Aufnehmen positiver und das Abgeben negativer Energien trainiert hat, der bleibt in seinem Geiste viel länger leistungsfähig als andere, die auf die Wirkung chemischer

Substanzen in Form von Nahrung, Getränken oder anderen «Muntermachern» setzen.

Hochschwingende Energie ist viel leistungsstärker als tiefschwingende Energie.

Wer geübt darin ist, mentale Energie zu generieren, der ist in allen Bereichen leistungsfähiger, da Mentalenergie die stärkste Energieform darstellt, die der Mensch noch bewusst beeinflussen kann.

Also: Wasser hilft unserem Geiste, aktiv und funktionstüchtig zu bleiben; denn es führt sehr viel verbrauchte Energie ab und hilft so, einen klaren Kopf zu bewahren.

Luft wirkt positiv, weil… Wir brauchen hier nicht weiter zu erklären. Denn Luft erhält in dieser Buchserie im neunten Band ein eigenes Büchlein, wo ihre Wirkung ergründet und umschrieben wird.

Verlassen wir nun dieses Kapitel, wo es um die Wirkung von Wasser auf unseren Geist geht. Selbst wenn über die Wirkung, das heisst, über die Funktionsweise, relativ wenig gesagt werden konnte.

Aber beim nächsten Kapitel wird es noch schwieriger, die Wirkung selbst zu erklären. Wir wollen dennoch die Wirkung von Wasser auf unsere Seele umkreisen. Denn wenn wir wenigstens wissen, dass da eine Wirkung ist, hat das schon seine Wirkung auf uns…

5 Wasser stillt den Durst

Wir trinken Wasser, um unseren Durst zu stillen. Aber manchmal sind wir nicht nur auf physischer Ebene durstig.

Wenn wir unbedingt mehr wissen möchten, dann haben wir Wissensdurst zu stillen.

Wenn wir uns nach Empfindungen wie Geborgenheit oder Liebe sehnen, dann dürstet unser Verlangen nach Linderung.

Und wenn wir nach dem Sinn des Lebens suchen, wenn wir getrieben werden nach der alles umfassenden Frage «Warum!?», dann sucht wohl unsere Seele nach Antworten.

Unsere Seele möchte, dass wir uns in den Fluss des Lebens stürzen und uns unserer Bestimmung zutreiben lassen.

Und so gesehen hat Wasser vielerlei symbolische Bedeutungen.

Wasser ermöglicht uns, das in uns aufzunehmen, wonach wir ein Leben lang suchen.

Wasser wirkt für unsere Seele wie ein Medium, das all das aufzunehmen bereit ist, was an uns in irgendeiner Form herangetragen wird.

Hätten wir keine empfangenden Anteile in uns, das heisst, könnten wir nicht Dinge in Form von Energien aufnehmen, so wie Wasser auch Energie aufnimmt, würde es uns nichts nützen, wenn uns Liebe oder Geborgenheit vermittelt würde. Denn nichts in uns würde dadurch in Schwingung versetzt werden. Und entsprechend wäre es uns egal, ob wir uns geliebt oder aufgehoben fühlen würden. Und entsprechend könnten wir auch keine Liebe und Geborgenheit an jemand anderes weiterreichen. Denn wir können nur geben, was wir haben.

Wer sich der unsichtbaren, unerklärbaren Wirkung des Aspektes Wassers hingibt, der ermöglicht sich dadurch das Potenzial, sich seiner Seele anzunähern.

Wer hingegen auf seinen Verstand setzt, der klammert den weiblichen, empfangenden Teil in seinem Leben aus.

Wohl deshalb gibt es zwischen Mann und Frau immer wieder so grosse Unterschiede. Und wohl deshalb können feinfühlige Menschen andere verstehen, während Grobiane nicht merken, dass sie durch ihr oberflächliches und achtloses Verhalten nicht nur schwächere Teamplayer verletzen und ausnutzen, sondern auch sich selbst immer mehr von dem entfernen, was das Leben an sich lebenswert und kostbar macht.

Es ist das Mass, wie sehr wir uns unserer Seele anzunähern vermögen, das für unser Lebensglück von Bedeutung ist.

Wer sich dem Wasser hingibt, wer sieht, wie liebevoll es durch die Adern des Lebens fliesst, wie es belebt und inspiriert, wie es achtsam und empfangend werden lässt, und wie es all das mitnimmt, was wir loslassen dürfen, um Neues zu empfangen dafür bereit zu sein, der nähert sich seiner Seele immer mehr an – bis er mit ihr eins wird. Denn das wären wir eigentlich: eine Seele auf ihrem Weg nachhause.

Ja, Wasser wäre wohl das Mittel schlechthin, um uns das Leben und unser Sein verstehen zu lassen. Wasser, als ein Teil des dualen Prinzips, und als ein Teil der heiligen Trinität hat seine tiefe und wirkungsvolle Bedeutung auf uns Menschen. Wir können diese Wirkung leugnen und von uns weisen. Oder aber wir können sie annehmen und davon ausgehen, dass sie auf uns eine tiefgreifende Wirkung hat.

Wasser kann nur mithilfe eines Gefässes aufgefangen werden. Auch die Kostbarkeiten des Lebens können nur mit einem Gefäss bewusst erfasst werden. Wenn wir das Gefäss werden wollen, dann gelingt uns das nur, wenn wir über den Wirkungsaspekt des Wassers zur Leere finden, auf dass wir zum Empfangen der Fülle bereit sind.

Aber verlassen wir diesen hohen Wirkungsaspekt. Denn viele von uns haben weitaus handfestere Herausforderungen zu meistern als das, was da unbegreiflich und für unseren Verstand nur schwer fassbar im Raum schwebt und fliesst.

Erforschen wir als nächstes die reinigende Wirkung von Wasser in den verschiedenen Bereichen.

6 Wasser reinigt

Zum Putzen nutzen wir Wasser. Wenn wir noch etwas Reinigungsmittel dazugeben, dann können wir Schmutz, Staub, Fett und viele andere Verunreinigungen schnell von Oberflächen entfernen.

Zum Waschen nutzen wir ebenfalls Wasser. Auch hier haben wir schneller ein besseres Ergebnis, wenn wir Waschmittel für Kleidung und Seife für unsere Haare oder unseren Körper dazunehmen.

Wasser dringt über seinen flüssigen Zustand in die Poren ein, weicht auf, löst auf und führt ab.

Und so wie das Wasser beim Putzen, Waschen und Reinigen hilft, hilft es eben auch bei der energetischen Gesunderhaltung unseres Energiesystems.

Einfach mit dem Unterschied, dass wir kein Putzmittel zugeben, sondern Salz.

Ja, Sie haben richtig gehört. Wer sich beim Duschen mit Salz einreibt, der kann viele negative Energien, insbesondere auf ätherischer, astraler und mentaler Ebene auf- und loslösen. Und beim Abduschen nimmt dann das Wasser die aufgelösten Energien auf und führt sie ab.

Wer regelmässig mit Salz duscht, der fühlt sich frischer und fitter. Der Zusatzaufwand ist nur minimal, die Kosten sind gering, wenn man zum Beispiel Streusalz verwenden – aber der Nutzen ist auf Dauer gross!

Wer dann, wenn er sich unwohl fühlt, Wasser mit etwas Salz darin trinkt, der kann innerlich den gleichen Effekt erzielen, wie er beim Duschen mit Salz äusserlich erreicht wird. Allerdings sollten wir beim Konsum von Salz vorsichtig sein. Denn wer viel Industrienahrung isst, der konsumiert bereits mehr Salz als nötig. Und wer nicht darauf achtet, dass er das richtige Salz isst oder trinkt, der belastet seinen Körper auch, anstatt dass er diesen durch Reinigung und Auflösen negativer Energien entlasten würde.

Die Herkunft des Salzes ist in Bezug auf unser Wohlbefinden von Bedeutung. Nicht, wenn wir es äusserlich anwenden. Aber wenn wir es konsumieren, kommt es darauf an, ob das Salz rein ist oder nicht. Viele Bergsalze enthalten schädliche Stoffe wie Schwefel. Diese wirken negativ auf unser Wohlbefinden. Meersalz kann durch Mikroplastik verunreinigt sein. Und in vielen Ländern sind Speisesalze allgemein mit Jod und Fluor behandelt. Man gibt vor, dass Jod helfe, Problemen mit den Schilddrüsen vorzubeugen, während Fluor gut gegen Karies sei, weil es den Zahnschmelz härte.

Nun, Fluor wirkt in hohem Masse negativ auf die Zirbeldrüse. Und es gibt Leute, die behaupten, dass die Zirbeldrüse unser spirituelles Zentrum im physischen Körper sei.

Und weil wir ja über Wasser in Verbindung mit Salz reinigen und nicht verunreinigen und schädigen wollen, ist es darum ratsam, dass wir für das wenige Salz, das wir zum Essen und Trinken verwenden, auf hochwertiges, unbehandeltes Salz setzen. Empfehlenswert ist sicherlich Himalaya Salz. Wenn man es selbst malt, dann ist man hundertprozentig sicher, dass es keinerlei Zusätze enthält. Wer nicht an Himalaya Salz herankommen kann, der sollte auf Meersalz setzen. Fleur de Sel entsteht durch Verdunstung. Also ist auch das Problem der Verunreinigung durch Mikroplastik kleiner.

Wir trinken täglich Wasser und konsumieren täglich Salz. Wenn wir beides bewusst tun, dann hat das bereits grossen Einfluss auf unser Wohlbefinden. Denn es geht darum, dass uns sowohl Wasser wie auch Salz helfen sollen, unseren Körper zu reinigen. Wenn wir Wasser mit Kohlensäure oder anderen Zusatzstoffen trinken, dann verdienen zwar Konzerne täglich Geld an unserer Trinkgewohnheit. Wir belasten aber auch unseren Organismus mit unnötigen, zusätzlichen Säuren, die zu neutralisieren sind, was zusätzliche negative Energien entstehen lässt. Und wir tragen zusätzlich Stoffe in unseren Körper ein, von denen wir nicht genau wissen, welche Wirkungen und Nebenwirkungen sie haben. Und somit ist die Gefahr grösser, dass wir bei unachtsamem Wasser- und Salzkonsum unseren Körper mehr belasten, als dass wir ihn reinigen würden.

Seit Anbeginn der Zeit trinken Lebewesen das Wasser, ohne dass es vorher in Plastikflaschen abgefüllt, mit Kohlensäure versetzt und mit Chemikalien trinkbar und haltbar gemacht worden wäre. Warum sollten wir dann etwas im Laden kaufen, was zuhause aus dem Wasserhahn fliesst?

Natürlich, nicht jeder hat das Glück, dass er zuhause aus dem Wasserhahn bestes Quellwasser zur Verfügung hat. Aber vielerorts ist das Trinkwasser von mindestens so guter Qualität wie das Wasser, das in Plastikflaschen viele Kilometer gereist ist und auf diesem Weg vielerlei Arten von Energie aufgenommen hat…

Je reiner und natürlicher etwas ist, je näher ist es an dem Zustand, den die Schöpfung dafür vorgesehen hat. Und die Schöpfung hat nichts hervorgebracht, was dem Leben an sich schadet. Denn die Schöpfung kann es sich nicht leisten, dass sie sich selbst zerstört.

Und darum dürfen wir davon ausgehen, dass Wasser in seiner natürlichen Form erfrischt und reinigt. Und Salz wirkt unterstützend dabei.

Wer darauf achtet, dass er genügend trinkt, und wer mit gezieltem Einsatz von Salz beim inwendigen und äusserlichen Reinigen optimiert, der tut vieles für seine Gesundheit; insbesondere auf längerfristige Sicht hin.

Und wenn wir jetzt den reinigenden Aspekt von Wasser etwas genauer untersucht haben, dann wollen wir das Gleiche auch noch mit einem weiteren Aspekt tun, der für uns Menschen auf einer höheren Ebene sehr bedeutungsvoll ist.

7 Wasser verbindet

Wer einem Durstigen in Not Wasser reicht, der erschafft dadurch ein Sinnbild, das niemanden unberührt lässt.

Denn Wasser ist mehr als nur ein Betriebsstoff. Wasser ist Sinnbild des Lebens.

Wer Wasser reicht, der zeigt damit, dass ihm sein Gegenüber nicht gleichgültig ist. Und dass man darum einem Gast etwas zu Trinken anbietet, kommt nicht von ungefähr.

Wasser verbindet uns Menschen auf mehreren Ebenen gleichzeitig.

Wer Trinkwasser erhält, der darf darauf vertrauen, dass dieses Wasser trinkbar ist und nicht krank macht. Für uns ist das heute selbstverständlich. Früher, wo Typhus, Cholera und andere gefährliche Krankheiten übers Wasser Verbreitung fanden, oder wo Bakterien bis hin zum Erschöpfungstod aufgrund von Magen- und Darmgrippen führen konnten, war das etwas anderes.

Wer Wasser zum Waschen erhält, oder wer duschen oder ein Bad nehmen darf, der kann sich erfrischen und fühlt sich nachher besser als vorher. Und frischer sind wir nach dem Waschen nicht nur äusserlich. Zwar stinken wir weniger, weil wir unsere üblen Körpergerüche abwaschen konnten. Aber das macht in Bezug auf andere Menschen weniger aus als die Tatsache, dass unsere Aura reiner ist, weil das Wasser in unseren Energiekörpern negative Energien aufgenommen und abgeführt hat. Kein Wunder also, dass unsere Mitmenschen sich verbundener mit uns fühlen, wenn wir physisch und energetisch sauber sind.

Wer ein Glas zu Trinken erhält, und wem dabei die Ehre des Gesundheit Machens, also des Anstossens auf die Gesundheit und Wohlbefindens, zuteilwird, der darf sich mit den wohlwollenden Energien anderer Menschen verbinden.

Natürlich wird oft mit kostbareren Getränken als mit Wasser angestossen. Aber gemeinsam zu trinken hat in allen Kulturen eine tiefe Bedeutung. Wir sollten uns dieser bewusst sein, wenn wir trinken – jedes Mal; selbst wenn wir alleine sind. Denn trinken zu dürfen ist nicht selbstverständlich. Und wer beim Trinken in Liebe an jemanden denkt, der verbindet sich dabei auf hohen Ebenen, was ungeahnte und unergründbare, aber sicherlich positive Wirkungen hervorbringt.

Wasser ist eine Möglichkeit, uns über etwas Reales mit anderen Lebewesen zu verbinden. Denn auch wer Tiere tränkt, der tut ihnen Gutes.

Und da wir selbst eine tiefe symbolische Beziehung zu Wasser in uns tragen, hilft Wasser uns, so manches Ritual in Kultur und Gemeinschaft besser zu verstehen.

Wenn bei der christlichen Taufe Wasser benutzt wird, und wenn Weihwasser das Böse abhalten soll, dann hat das womöglich seinen Ursprung in Zeiten, wo man noch besser wusste, wie segnend, heilsam und reinigend Wasser eben wirkt.

Wer mit sich im reinen ist, weil er keine physischen, emotionalen und mentalen Verunreinigungen in sich mitträgt, dem fällt es leichter, sich mit anderen Lebewesen zu verbinden.

Wasser ist rein, klar und sauber. Es ist somit Symbol und gleichzeitig ein Ideal. Es zeigt uns auf, was wir sein könnten, wenn wir uns dem Leben in reiner Form hingeben.

Wenn wir rein sind, dann können wir uns nicht nur mit Menschen verbinden. Nein, wir können uns auch in sie hineinfühlen.

Wer mit Wasser und seinen reinigenden Aspekten auf den vielen verschiedenen Ebenen des Menschseins arbeitet, der wird achtsamer und feinfühliger. Das hilft, seine Empathie zu steigern.

8 Wasser macht einfühlsam

Ein riesiges Gewässernetz überzieht unsere Erde. Alles ist mehr oder weniger über den Wasserkreislauf miteinander verbunden.

Wasserstrassen dienen als Transport- und Reiserouten. Denn Flüsse, Meere und Seen bilden natürliche Verkehrswege, die mit einem Boot oder Schiff mit verhältnismässig kleinem Energieaufwand befahren werden können.

Wasser fliesst von oben nach unten. Es trägt heran und nimmt mit. So begünstigt es das Geben und Erhalten zwischen Natur und Mensch genau so wie zwischen den Menschen an sich. So entstand Handel, welcher Wohlstand und Wohlfahrt begünstigte und das Leben für uns Menschen angenehmer werden liess.

Wasser liefert uns viele Ressourcen. Von Essen über Energie bis hin zu praktischen Verwendungsmöglichkeiten.

Wasser ist so vielseitig in seinem Einfluss und seiner Wirkung auf uns und unser Leben, dass wir gar nicht alles aufzählen und wahrhaben können, was es uns ermöglicht.

Und so dürfen wir davon ausgehen, dass Wasser eben auch auf Ebenen wirkt, die wir mit unserem Bewusstsein nicht erfassen können. Aber in unserem Unterbewusstsein nehmen wir sehr wohl wahr, dass da mehr ist und wirkt, wenn Wasser im Spiel ist, als wir es denken würden.

Warum reisen Menschen ans Meer? Warum machen sie Badekuren, besuchen Wellnessangebote mit Saunas und verschiedenen Bädern? Warum gibt es Schiffsreisen, die als ruhig und erholsam gelten? Und weshalb mögen wir es, beim Essen oder in unserer Freizeit auf einen Fluss oder auf einen See zu blicken?

Wasser dürfte den empfangenden Teil in uns erwecken, inspirieren und positiv beeinflussen. Wenn wir mehr wahrnehmen und fühlen, dann bereichert das unser Leben. Wir fühlen uns näher am Leben selbst – und bei unseren Nächsten.

Wasser hilft uns, tiefer und genauer zu empfinden. Und gleichzeitig verbindet es uns mit der Natur und all dem, was ist.

Es ist nicht möglich, zu erklären, warum Wasser so auf uns wirkt. Aber sicher ist, dass Wasser uns dabei hilft, positive Verbindungen zu anderen Lebewesen aufzubauen. Wasser lässt uns empfinden – es macht uns fühlsam und somit auch einfühlsam.

Darum sollten wir dem Wasser einen bedeutsamen Stellenwert in unserem Leben einräumen. Wir sollten immer dann, wenn wir mit Wasser zu tun haben oder damit in Kontakt treten, bewusst eine Verbindung eingehen zu dem, was ist.

Es gibt nichts, was ohne Wasser leben oder entstehen kann. Irgendwie, irgendwo ist immer auch Wasser mit im Spiel.

Und weil wir selbst Teil des Wassers sind, hilft Wasser uns das zu verstehen, was wir nur erfassen können, wenn wir uns hineinfühlen. Den Verstand müssen wir dabei aussen vorlassen. Es sind unsere hohen Emotionen, die durch die Aspekte des Wassers für uns fassbar gemacht werden. Und unsere negativen Emotionen werden durch Wasser gedämpft und gelindert.

Und wenn wir uns mit Wissen wie diesem hier auseinandersetzen, dann ist der Schritt hin zu einer weiteren wichtigen Wirkung des Wassers auf uns Menschen nur klein. Darum tun wir ihn…

9 Wasser lehrt uns

Wasser kann zwar verdunsten, versickern oder abgestanden sein. Aber es geht niemals verloren. Irgendwie findet es früher oder später immer wieder seinen Weg in den ewigen Kreislauf hinein. Und wenn es als Regen auf die Erde fällt oder als Quelle aus der Erde sprudelt, dann ist es wieder rein, sauber und trinkbar.

Wasser lehrt uns als Beispiel, wie und was wir eigentlich sind, wenn wir uns dem ewigen Kreislauf des Lebens anvertrauen. Denn mit unserer Seele verhält es sich wie mit einem Wassertropfen: Sie kann niemals verloren gehen; irgendwie schafft sie es immer wieder in den Fluss des Lebens zu kommen. Dabei spielt es keine Rolle, ob sie ihren Weg im Diesseits oder bereits im Jenseits vorwärtsschreitet. Denn die Frage des Dies- und des Jenseits ist nur eine Frage für unser Bewusstsein, nicht aber für unser Unterbewusstsein und unsere Existenz an sich.

Wenn Wasser versickert und im Untergrund weiterfliesst, dann ist es nicht einfach weg, nur weil wir es nicht mehr sehen können.

Und so sind auch für uns viele Aspekte weiterhin wirksam, selbst wenn sie aus unserer bewussten Wahrnehmung entschwinden.

Von Wasser können wir vieles lernen. Wasser lehrt uns. Es lehrt uns, wenn es da ist, und wir so von ihm vieles abschauen können. Und es lehrt uns noch viel mehr, wenn es fehlt.

Wenn wir kein Wasser haben, dann verdursten wir. Wenn wir keine Freude am Leben, keine Hoffnung und keinen Glauben mehr haben, dann verdursten wir auch – selbst wenn wir dabei physisch noch weiterleben.

Das, was unser Leben ausmacht, sind unsere Empfindungen. Wir können auf physischer, astraler und mentaler Ebene empfinden. Auf physischer Ebene sind es Sinneswahrnehmungen wie gutes Essen, zärtliche Berührungen oder schöne Sonnenuntergänge, die uns erfreuen und uns glücklich machen. Auf emotionaler Ebene sind es die positiven Gefühle, die uns glücklich und zufrieden machen. Und auf mentaler Ebene sind es hohe Gedanken, tiefgreifende Erkenntnis und das bewusste Erfassen von Tatsachen wie diesen, dass wir als Kind der Schöpfung Teil des Ganzen sind und somit niemals im Stich gelassen werden können. Und dabei spielt es keine Rolle, ob wir an Gott glauben oder nicht. Es ist einfach so, und wir können es beobachten, wenn wir es nur wollen.

All das, was unser Leben ausmacht, hat mit Wasser zu tun. Nicht primär in seinem Ursprung, aber in unserer Möglichkeit es empfinden zu können.

Denn so wie Wasser alles in sich aufnimmt, was wir hineingeben, so nehmen auch wir alles auf, was an uns herangetragen wird. Der empfangende Aspekt des Wassers in uns, ermöglicht es, dass wir empfinden dürfen und empfinden können. Und darum hat alles, was unser Leben ausmacht, mit Wasser zu tun; weil es uns empfangend und empfindsam macht.

Wasser kann uns sehr viele Dinge lehren, wenn wir die Eigenheiten von Wasser beobachten:

- Wogen glätten sich, wenn der Sturm nachlässt

- Wasser findet immer den schnellsten und direktesten Weg

- Wasser macht selbst vor grossen Hindernissen nicht halt

- Wasser ist weich und beugsam, aber dennoch unbesiegbar, unvergänglich und unabdingbar

- Wasser zeigt Hoffnung auf

- Wasser spült den Müll und den Schmutz weg

- Wasser kommt und geht

- Wasser bewirkt immer und überall etwas; es hinterlässt seine Spuren

- Ein Wassertropf ist einzigartig; aber nur in Verbindung mit anderen Wassertropfen handlungsfähig

- Wasser ist anpassungsfähig. Es verdunstet, kondensiert, sublimiert, perlt ab, nimmt auf, wird aufgesaugt, glitzert, friert ein, trägt, gibt nach und und und…

- Wasser kann alles sein, sofern man ihm sein Potenzial zugesteht.

Ja, Wasser lehrt uns, dass auch wir alles sein können, wenn man es uns – und vor allem – wenn wir es uns zugestehen.

Und wenn wir jetzt erfahren haben, wie viel Wasser uns lehren kann, und wenn wir dabei einen grossen inneren Schritt wagen müssen, um vom Wasser lernen zu können und zu verstehen, dann begeben wir uns in eine Disziplin hinein, die uns als Philosophie bekannt ist.

Und ja, Wasser bringt uns durch sein Wirken und seine Aspekte der Philosophie näher…

10 Wasser ist Philosophie

Ein Philosoph befindet sich oben im Elfenbeinturm und beobachtet von dort aus all das, was ist. Dabei denkt er über das, was er beobachten kann, nach und versucht über Logik Regelmässigkeiten zu entdecken, aus denen er Gesetzmässigkeiten mit allgemeingültiger Geltung ableiten kann. Das so erarbeitete Wissen überprüft der Philosoph dann, so dass aus dem Wissen durch Erfahrung Weisheit werden kann.

Wenn ein Philosoph nichts zu beobachten hat, dann kann er seiner Tätigkeit nicht nachgehen.

Da es aber kein physisches Leben ohne Wasser gibt, hat der Philosoph immer etwas zu beobachten.

Und das, was man lernen kann, wenn man die Eigenheiten und Wirkungsweisen des Wassers untersucht, ist vieles von dem, was im Leben selbst auch seine Gültigkeit hat.

Wer mehr sucht in seinem Leben, als nur den Konsum und die Normalität, der tut gut daran, sich der Tätigkeit des Philosophen und den Lehren des Wassers hinzugeben. Denn nur so können Dinge entdeckt werden, die andern als Geheimnis der Schöpfung verborgen bleiben.

Und wenn uns etwas fasziniert, wenn ein Film oder ein Roman alle Verkaufsrekorde bricht, dann nur, weil genau an diesen Geheimnissen des Seins gekratzt wird, und so unsere Neugierde erwachen kann.

Ja, Philosophie ist brotlos, wenn man materiell denkt. Genauso ist Wasser brotlos für den, der nur auf Essen aus ist. Aber so wie Wasser vielerlei Arten von Durst zu stillen vermag, kann auf geistiger und seelischer Ebene die Philosophie das geben, wonach uns so sehr dürstet.

Und wenn ein Fluss niemals abbrechen, sondern höchstens vertrocknen kann, so können auch unsere Emotionen und unsere Gedanken niemals abbrechen. Sie können nur versiegen oder austrocknen, wenn wir Raubbau mit uns als Seelenwesen treiben; und selbst dann niemals ganz.

Wer philosophiert und dadurch lernt und erkennt, der merkt nach und nach, dass vieles von dem, was wir landläufig als wichtig erachten, eigentlich recht bedeutungslos ist.

Dafür gibt es andere, viel kleinere und unscheinbarere Dinge, die für uns von grosser Bedeutung sind und daher unsere Aufmerksamkeit verdienen.

Aber um das zu merken, müssen wir uns zuerst mal all dessen bewusstwerden, was uns umgibt, was wir aber als selbstverständlich erachten und darum gar nicht wahrhaben können.

Ja, wir verhalten uns wie ein Fisch im Wasser. Was ist mit dem Fisch, wenn das Wasser fehlt?

11 Wie der Fisch im Wasser

Wenn wir die Redewendung *«wie ein Fisch im Wasser»* hören, dann denken wir daran, dass sich jemand puddelwohl fühlt. Oder dass jemand voll und ganz in seinem Element ist.

Ja, das sind wir auch, und zwar andauernd.

Aber wir sind uns dessen nicht bewusst!

Wir merken meistens nicht, dass…

… wir als Erwachsene 12 bis 18 mal pro Minute ein- und ausatmen

… wir fast immer Kontakt zur Erde haben

… wir die ganze Zeit blinzeln

… wir in unserem Leben weitaus mehr schlafen, als wir denken würden

… wir eine Unmenge an grauer Energie verbrauchen

… wir mit allem, was wir tun, einen Fussabdruck auf dieser Erde hinterlassen

… wir für irgendjemanden auf dieser Erde unverzichtbar sind

… wir die oder der Einzige sind, die/der unsere Lebensaufgabe erfüllen kann

… wir von der Schöpfung gewollt sind und von ihr benötigt werden, weil wir zum Plan des ewigen Lebens gehören

… wir viel mehr sind, als man uns glauben lässt!

Wir leben wie ein Fisch im Wasser. Das Wasser bemerken wir kaum. Wir trinken es nicht einmal. Wir merken nur, dass es Wasser gibt, wenn es nicht mehr da ist.

Und weil wir so ignorant, dumm und naiv sind, sind wir das, was wir sind. Das können wir aber sehr schnell ändern, sobald wir achtsamer und bewusster durchs Leben gehen.

Wer die Dinge um sich herum wahrzunehmen beginnt, und wer von ihnen über Beobachtung und Reflexion lernt, der verändert sich in Kürze zu einem Subjekt, das handlungsfähig, selbstbestimmt und selbstwirksam wird.

All das ist Wasser auch. Wir können uns treiben lassen, oder wir können mit dem Strom schwimmen. Beides scheint dasselbe zu sein, ist es aber nicht!

Wer sich treiben lässt, ist Objekt. Die Arbeit leistet der Fluss. Wer mit dem Strom schwimmt, der ist Subjekt. Er lässt sich nur durch den Fluss führen – was sicherlich nicht das Dümmste ist, was man tun kann.

Und wer Eigenverantwortung übernimmt und in seinem Leben Neues ausprobiert, der schafft auf einmal Dinge, die uns als unmöglich erscheinen. Er kann es zum Beispiel schaffen, unter Wasser zu atmen…

12 Unter Wasser atmen

Lange Zeit galten die Untiefen der Meere als das letzte grosse Geheimnis unserer Erde.

Mit der Erfindung von Taucheranzügen, mit neuen technischen Errungenschaften wie Sauerstoffflaschen oder dem Mischen von Sauerstoff mit Helium, wurde es dem Menschen möglich auch in Bereiche der Erde vorzudringen, die für ihn lange Zeit als unerreichbar galten.

Wenn wir die Luft anhalten, dann fallen wir nach etwa drei Minuten in Ohnmacht. Und sehr schnell nimmt unser Hirn dauerhaft Schaden, wenn es nicht mehr über unseren Blutkreislauf mit Sauerstoff versorgt wird. Und so ist Wasser für uns etwas Gefährliches. Denn wir können unter Wasser nicht atmen.

Lustig dabei ist, dass das Wasser zu einem Drittel aus Sauerstoff besteht, wir aber dennoch im Wasser ersticken können.

Auch speziell mutet die Tatsache an, dass unser Blut zu etwa der Hälfte ebenfalls aus Wasser besteht, unsere Organe aber mit dem lebensnotwenigen Sauerstoff versorgt.

Das eine kann ohne das andere nicht funktionieren. Und dennoch wirkt es alleine auf uns tödlich.

Nur wer die lebensnotwendigen Verbindungen eingeht, kann überleben. Diese Wahrheit gilt immer und überall.

Und es sind die Verbindungen und ihre geschickte Kombination miteinander, die uns das ermöglichen, was andere als «unmöglich» betrachten.

«Alle dachten, das gehe nicht. Dann kam einer, der hat das nicht gewusst, und hat es einfach gemacht.»

Nein, wir können nicht unter Wasser atmen. Denn wenn wir es ausprobieren, dann stellen wir fest, dass das für uns nicht vorgesehen ist. Und dennoch sollten wir nicht die Meinung übernehmen und vertreten, dass das niemals möglich sein kann. Denn wir wissen zu wenig über die Geheimnisse des Seins und über all die Möglichkeiten, die das menschliche Potenzial umfasst, als dass wir allgemeingültige Schlüsse wagen dürften.

Wenn wir nicht unter Wasser atmen können, dann heisst das nicht, dass es niemand kann. Denn zum Beispiel Fische können unter Wasser atmen. Und nur, weil wir nicht so sind wie Fische, sollten wir nicht eine ganze Reihe an Möglichkeiten aus unserer Realität ausschliessen.

Ja, es geht in diesem Kapitel hier um die Art und Weise, wie wir unsere Realität wahrnehmen, einschätzen und leben.

Wasser lehrt uns, dass alles möglich ist. Denn für das Wasser gibt es niemals ein Hindernis, das es nicht auf Dauer zu überwinden vermag.

Genau so sollten wir es halten: Es gibt nichts, was wir nicht früher oder später zu überwinden vermögen. Wenn nicht hier und jetzt, dann vielleicht im Jenseits oder in einem anderen Leben.

Wir sehen den Horizont dort, wo wir für uns das Ende unserer Perspektive setzen. Wir können unsere Perspektive aber jederzeit verändern. Das ist ein weiterer Aspekt, der Wasser in uns bewirkt…

13 Perspektivenwechsel

Wer am Verdursten ist, der legt all seine Aufmerksamkeit nur noch auf Wasser.

Wer getrunken hat, der verändert seine Perspektive innert Sekunden und setzt seine Schwerpunkte völlig anders.

So schnell wandeln sich unser Gemütszustand und unser Verhalten.

Wenn wir uns und unser Leben aus einer etwas weitergefassten Perspektive betrachten würden, dann würden wir anders denken und handeln.

Wer den Wasserkreislauf betrachtet und dadurch erkennen kann, wie flexibel und wandelbar das Element Wasser ist, der kann daraus viel für sein Leben entnehmen.

Ein Kreislauf kann nur entstehen und bestehen, wenn Flexibilität und Anpassungsvermögen an immer wieder neu auftretende Situationen vorhanden sind. Und nur wer immer wieder zu Perspektivenwechseln bereit ist, kann dem Wandel der Zeit und all den Erneuerungen, die die Veränderung an uns heranträgt, mit Leichtigkeit und Freude begegnen.

Ob wir am Ufer stehen, oder ob wir im Wasser schwimmen, ist ein bedeutender Unterschied.

Insbesondere dann, wenn wir nicht im Wasser sein wollen.

Sich bereits vorzustellen, wie es wäre, im Wasser zu sein, können wir in unserem Kopf auch, wenn wir noch am Ufer stehen. Aber wir können es uns eben besser vorstellen, wenn wir bereits mal die Erfahrung gemacht haben, wie es ist, wenn man in kaltes Wasser fällt und sich wieder herauskämpfen muss.

Je mehr und je öfter wir Perspektivenwechsel üben, je leichter fällt es uns aber, uns auch ohne Erfahrung, dafür über das Beobachten und das Lernen über die Erfahrung von andern vorzustellen, wie etwas sein könnte.

Und so verhalten wir uns nach und nach immer mehr wie ein Wassertropf. Indem wir uns in allen möglichen Arten an unsere Umgebung und an die Umstände anpassen, erfahren wir, wie es ist, wenn man Teil des Ganzen wird.

Und wir haben es hier dann wiederum mit diesem empfangenden Aspekt des Wassers zu tun, der in uns wirkt und uns verstehen lässt, wie es ist, nicht nur ein von allem andern abgetrenntes Einzelwesen zu sein, sondern über die Fähigkeit des Perspektivenwechsels uns zu einem Bestandteil von dem zu machen, was uns umgibt, was durch uns und in uns drin lebt.

Sicherlich ist es nicht so einfach, diesen Aspekt intellektuell zu erfassen und ihn für unseren Verstand greifbar zu machen. Aber das bedeutet noch lange nicht, dass es diesen Aspekt nicht gibt, oder dass wir ihn einfach so aus unserem Leben ausklammer können. Natürlich, wir könnten es schon tun, aber dann wäre das so, wie wenn wir behaupten würden, dass niemand unter Wasser atmen kann…

14 Feuer und Wasser

Wir haben uns jetzt sehr viel mit den verbindenden Aspekten des Wassers befasst. Jetzt wollen wir uns auch noch auf die Gegensätze einlassen.

Wenn es brennt, dann rufen die Menschen: «Wasser!»

Und tatsächlich hilft Wasser dabei, eine Feuersbrunst einzudämmen oder gar zu löschen. Dass das Löschwasser dann aber das abbrennende Gebäude genauso zerstört, einfach auf andere Weise, das bemerkt man dann erst nach den Löscharbeiten.

Und so kommt es, dass wir Menschen oft über unser Denken und Handeln *vom Regen in die Traufe* geraten, oder *aus der Pfanne ins Feuer* springen.

Gegensätze sind etwas, die sich in Extremen gegenüberstehen. Der eine Gegensatz kann die Wirkung des anderen Gegensatzes mildern oder gar gänzlich aufheben. Aber dennoch bleibt ein Gegensatz ein Extremes, solange er gegen etwas eingesetzt wird. Erst wenn ein Gegensatz verbindend eingesetzt wird, verliert er seine negative Wirkung.

Wir sollten uns diese Tatsache zu Herzen nehmen. Denn solange wir in unserem

Verhalten polarisieren, helfen wir nicht dazu beizutragen, eine Lösung in Form eines Konsenses zu finden, sondern wir tragen dazu bei, einen Konflikt aufrecht zu erhalten.

Und so wird unser Leben dann zu einer brisanten Angelegenheit. Wenn wir die Rolle des Feuers einnehmen, fürchten wir immer das Wasser. Wenn wir die Rolle des Wassers einnehmen, dann fühlen wir uns sicherer, weil das Feuer uns auf den ersten Moment nichts anhaben zu können scheint. Wenn wir dann aber genauer hinschauen, erkennen wir, dass Feuer dennoch unsere Umgebung erwärmt und uns so indirekt verdunsten lässt.

Wenn wir immer nur das Unmittelbare und Offenkundige befürchten und daher bekämpfen, dann vergessen wir womöglich, unsere Umgebung immer genau im Auge zu behalten. Und so kommt es, dass überhastete Reaktionen genauso zu Problemen führen, wie es Unachtsamkeit, Gleichgültigkeit und Unvermögen auch tun.

Wir haben in unserem Leben vieles zu lernen. Wir lernen zuerst vom offenkundigen und bedrohlichen Gegensatz – weil dieser unsere Aufmerksamkeit viel intensiver auf sich zu ziehen vermag, als dass es der schwächere, unscheinbarere Gegensatz tut. Aber dann, wenn wir gelernt haben, dass wir über das Unscheinbare viel schneller und effizienter lernen und vorwärtskommen können, verliert auch das Bedrohliche schnell an seiner Wirkung auf uns.

Und wiederum ist es die Wirkung des Aspektes Wasser in uns, der uns solche Arten von Erkenntnis wahrhaben und erfassen lässt. Es ist die Intuition, die auf uns wirkt, und die uns inspirieren kann. Aber Intuition und Inspiration können nur in uns wirken, wenn wir sie über unsere Ying-Seite, unseren weiblichen Anteil unseres Wesens zu erfassen vermögen. Verlassen wir uns nur auf die Yang-Seite, also auf unseren Verstand und unseren Willen, dann bleibt es uns verwehrt, von dem um uns herum lernen zu dürfen.

Feuer nimmt nicht auf. Vielmehr verbrennt und zerstört es. Wasser hingegen kann fast alles aufnehmen. Und dennoch besteht Wasser aus Wasserstoff in Verbindung mit Sauerstoff. Wasserstoff kann im richtigen Mischverhältnis brennen. Ist das nicht erstaunlich? Werden da nicht Dinge möglich, die wir als unmöglich bezeichnen würden?

Wenn wir unsere Welt auch noch über das Mittel der Gegensätze zu betrachten lernen, dann scheint es immer wie plausibler, dass wir auch unter Wasser atmen können…

15 Jemandem das Wasser reichen

Wenn wir behaupten, dass *uns niemand das Wasser reichen könne*, dann wirkt das überheblich. Denn jemandem das Wasser reichen zu können, bedeutet im übertragenen Sinne, dass man gleichgut ist oder besser.

Wer immer bemisst und vergleicht, der rutscht dabei schnell in eine Geisteshaltung ab, die uns in der falschen Annahme leben lässt, dass wir etwas Besseres seien als die anderen.

Sehr oft glauben wir, jemand könne uns das Wasser nicht reichen. Dabei könnte er es problemlos, wenn wir es nur zulassen würden.

Wenn wir es wollen, dann kann uns nahezu jeder Wasser reichen. Aber es ist dann eben SEIN Wasser, und nicht das Wasser unserer Vorstellung.

Wenn uns das Wasser gereicht wird, dann, wenn wir es nötig haben, dann hilft und das, und wir sind dankbar dafür; oder sollten es zumindest sein.

Aber dann, wenn wir das Gefühl haben, wir hätten das Wasser nicht nötig, dann lassen wir es uns nicht reichen. Wir verstecken uns hinter unserer Überheblichkeit, Arroganz, Angst oder Unwissenheit. Und so werden wir egoistisch und trennen uns von denen ab, die es gut mit uns meinen könnten.

Und selbst reichen wir auch nur selten jemand anderem das Wasser. Entweder, weil wir zu bequem dazu sind, weil wir zu selbstbezogen sind, oder weil wir denken, wir seien nicht gut genug, um jemand anderem das Wasser reichen zu dürfen oder zu können.

Und wenn wir jetzt über eine Redewendung sinniert haben und sie mit unserem Leben vergleichen, dann erkennen wir einmal mehr, wie unachtsam und töricht wir doch durch unser Leben gehen.

Wenn das Wasser das Lebenselixier symbolisiert, und wir uns als zu wenig vorkommen, andern das Wasser reichen zu dürfen, dann fehlt es uns an Selbstwert. Und dieser fehlende Selbstwert führt dazu, dass wir das Essentielle des Lebens für uns behalten und nicht mit anderen teilen. Und so verarmen und vereinsamen wir. Denn wer nicht gibt, der wird arm und einsam.

Wenn wir das Wasser als Lebenselixier nicht weiterreichen, weil wir denken, die anderen seien es nicht wert, dann haben wir noch vieles zu lernen. Denn im Märchen, ganz am Ende, als der alte König stirbt, ist er allein. Und nur die Nachtigall kommt noch herbei und singt ihm ein Lied zum Abschied. Wenigstens das. Hätte der König aber sein Leben anders gelebt, und hätte er andern das Wasser gereicht, dann hätte er nicht einsam sterben müssen. Und die Nachtigall wurde ihm wohl nicht durch einen Mitmenschen aus Nächstenliebe geschickt, sondern von der Schöpfung selbst – weil diese uns auch dann nicht ausschliesst, wenn wir arrogant und eingebildet waren…

Wenn wir das Wasser als Symbol des ewigen Lebens nicht annehmen, weil wir denken, dass derjenige, der es uns reicht, zu wenig sei für uns, dann wird uns am Ende nicht einmal mehr die Nachtigall ein Abschiedslied singen.

Und darum sollten wir unser Leben noch heute anders ausrichten und anders leben! Wir sollten uns das Wasser immer reichen lassen, wenn jemand bereit dazu ist. Und selbst sollten wir keine Gelegenheit aussen vorlassen, um jemandem das Wasser als Elixier des Lebens zu schenken. Was das für uns und unser Leben bewirkt, ist in den fünf kleinen Bänden *«Glücklich leben»* der Buchserie *«Erfolgreich durchs Leben»* nachzulesen. Dort geht es um Freundlichkeit, Anstand, Dankbarkeit, Nächstenliebe und um Ethik und Moral. Und all diese unscheinbaren Dinge haben eben auch sehr stark mit diesem unsichtbaren Aspekt des Wassers zu tun, der in uns wirkt und uns bescheiden, annehmbar, liebenswürdig und vor unseren Mitmenschen gefällig macht.

Ja, es geht hier einmal mehr wieder um etwas Verbindendes im zwischenmenschlichen Bereich. Und vielleicht geht es uns und unserer Gesellschaft besser, wenn wir mehr auf dieses Verbindende achten und nicht über unser gespieltes egoistisches Gehabe ständig auf Trennung setzen.

Vielleicht hilft es dabei, wenn wir alte Gewohnheiten überdenken und sie in uns und für uns selbst neu definieren. Denn dann könnten diese sich wandeln und vielleicht sogar wieder sinnhaft und wirkungsvoll werden.

Wir versuchen im nachfolgenden Kapitel Sinne eines Beispiels eine Gewohnheit zu überdenken, indem wir ein Ritual betrachten, das mit Wasser zu tun hat. Es geht um die Taufe.

16 Die Taufe

Bei der Taufe, je nach Glaubensrichtung, wird dem Täufling mit Weihwasser das heilige Kreuz Jesu Christi auf die Stirn gezeichnet.

In manchen kleineren Glaubensgemeinschaften wird der Täufling in einem Gewässer unter die Wasseroberfläche getaucht, so dass er vollumfänglich von Wasser umgeben ist.

Aber zu welchem Zweck werden solche Rituale durchgeführt?

Christen glauben, dass das Taufen dazu führt, dass ein Mensch zur Glaubensgemeinschaft des Christentums gehört. Wozu braucht es da das Ritual und die Taufe mit Wasser? Reicht es nicht aus, wenn die Gemeinschaft ihre Arme ausbreitet und den Neuankömmling von Herzen empfängt?

Früher war die Taufe sogar noch mit Stress verbunden. Denn wenn ein Neugeborenes gestorben ist, bevor es getauft war, konnte es nicht in den Himmel kommen und durfte somit auch nicht auf dem Gottesacker mit den Normalsterblichen zur Ruhe gesetzt werden. Also konnte man nicht früh genug taufen, denn man wusste nie, wann der Tod kam.

Was ändert das Ritual der Taufe am Weg, den eine Seele geht, wenn sie den sterblichen

Körper des verblichenen Menschen verlassen hat?

Wir müssen zwangsläufig erkennen, dass bei alten Gewohnheiten und Ritualen sehr oft Fragen offenbleiben, die auch nach längerer Reflexion über den Sachverhalt nicht schlüssig beantwortet werden können.

Wir können aber, sofern wir wollen, Hypothesen aufstellen und darüber mutmassen, warum gewisse Handlungen zu Gewohnheiten und schliesslich sogar zu Ritualen wurden.

Bei der Taufe geht es offensichtlich um die Aufnahme eines Mitgliedes in die Glaubensgemeinschaft. Beim Judentum und beim Islam werden die männlichen aufzunehmenden Mitglieder beschnitten, und dadurch wird der Bund mit Gott erneuert und der Knabe wird in die religiöse Glaubensgemeinschaft aufgenommen.

Aber warum muss die Zugehörigkeit zu einer Gemeinschaft mit einem Ritual besiegelt werden? Geht es überhaupt um das Individuum, oder geht es eher um ein neues Mitglied, das die Interessen der Glaubensgemeinschaft weitertragen und erfüllen hilft? Und welche Rolle spielt der Glaube und Gott selbst?

Vielleicht ging es bei solchen Ritualen früher um etwas anderes? Vielleicht wollte die Gemeinschaft viel mehr über den praktischen Nutzen von Ritualen helfen.

Denn wenn jemand im Fluss von einem Menschen getauft wird, der es gut meint, und der über den tiefliegenden Aspekt des Wassers von der Schöpfung die Möglichkeit der Segnung geschenkt bekommen hat, dann kann es durchaus sein, dass durch den reinigenden Aspekt des Wassers Sorgen, Ängste oder gar Phobien geheilt werden konnten. Und wir wissen selbst, wie stark der Aberglaube früher wirkte.

Und wenn man Knaben beschneidet, dann hat die Beschneidung besonders dann, wenn die hygienischen Verhältnisse nicht so gut sind, einen positiven Aspekt auf die Gesundheit eines Mannes. Wer selbst erfahren musste, wie schmerzhaft und bedrohlich eine Vorhautverengung werden kann, der versteht sofort, warum es durchaus Sinn machen kann, über das Wissen der Gemeinschaft einem Menschen dieses Leid ersparen zu helfen.

Und so gesehen wären dann Gewohnheiten nicht Rituale, die an einen alten Zopf erinnern, den man problemlos abschneiden kann.

Nein, so kommen wieder diese verbindenden Elemente zum Vorschein, die die Menschen miteinander über Nächstenliebe und Fürsorge miteinander verbinden. Und dass eine symbolische Wirkung damit verbunden ist, und dass diese über Wasser herbeigeführt wird, dürfte uns dann nur noch wenig erstaunen.

Aber lassen wir all dieses Aufstellen von Hypothesen auf Alltagsebene, und fragen wir uns lieber noch, was denn die Taufe mit Wasser auf einer höheren Ebene bedeuten könnten.

Könnte es sein, dass die Taufe mit Wasser ursprünglich dabei helfen sollte, sich des tiefliegenden Aspektes der Wirkung des Wassers im Menschen selbst bewusst zu werden?

Könnte es sein, dass die Taufe über das Element Wasser den emotionalen, empfangenden Teil des Wesens des Menschen zu erwecken versuchte, so dass ein inneres Gleichgewicht gefunden werden konnte und auch über das verbindende Element des Wassers die Verbindung zwischen Himmel und Erde erreicht werden konnte?

Könnte es sein, dass die gnostischen Christen mehr über den Glauben, die Wirkung der Energien und Elemente und auch über die

Psyche des Menschen wussten, als wir es heute noch tun?

Tatsache ist: Wasser ist dem Menschen auch ohne kirchliche Institution gegeben. Es fällt vom Himmel und quellt aus dem Boden. Vielleicht sollte der *aufrechte Mensch* sich seines eignen Verstandes bedienen und mehr auf das hören, was die Natur und sein Unterbewusstsein ihm sagen, als dass er sich unreflektiert alten Gewohnheiten und Ritualen hingibt, die womöglich eher fesseln als befreien.

Denn wenn wir in Band 7 zu dieser Buchserie hier gelernt haben, dass es hilfreich sein kann, alte Gewohnheiten abzulegen und dadurch wieder in den Fluss des Lebens zu kommen, dann könnte Wasser bei diesem Schritt unterstützen und ermutigen.

Und wohl auch deshalb wagen wir im nächsten Kapitel noch eine Verbindung von diesem Büchlein hier zum vorangehenden, und thematisieren den Fluss des Lebens auch noch aus der Wirkungsperspektive des Wassers heraus.

17 Der Lebensfluss

Es gibt keine ergonomischere und harmonischere Fortbewegungsart als die des Fliessens. Und selbst wenn das Rad sich ebenfalls sehr elegant fortzubewegen erlaubt, so wirkt es dennoch grob im Vergleich zur Eleganz eines fliessenden Wasserstroms. Und ja, das Fliegen ist auch eine sehr elegante Fortbewegungsart. Aber spätestens seit *Ikarus* wissen wir, dass wir nicht zu hoch fliegen sollten...

Wenn Wasser fliesst, dann bereitet ein Tropfen allen nachfolgenden Tropfen den Weg. Aber der einzelne Tropfen verliert sich in der Verbindung des Ganzen, auch wenn er selbst immer noch bestehen bleibt. Aber er ist zumindest auf irdisch realer Ebene nicht mehr von all den anderen Wassertropfen unterscheidbar.

Wenn wir einen Fluss betrachten und ihn mit dem Leben an sich vergleichen, so können wir sehr viele Parallelen feststellen. Das dürfte kein Zufall sein. Denn unser Leben ist auch etwas, was ständig fliesst, in Bewegung ist und mit allem interagiert, was sich im Umfeld befindet.

Die Frage ist nur, wie wir selbst unser Leben und unsere Aufgabe hier auf Erden sehen und definieren.

Uns dürstet immer in extremem Masse nach Freiheit und Selbstbestimmung. Uns dürstet so sehr danach, dass wir dadurch schnell in Egoismus verfallen. Egoismus fängt dort an, wo die Freiheit und die Selbstbestimmung der anderen durch selbstsüchtiges Verhalten eingeschränkt wird.

Was wir vom Wasser lernen können? Anstatt dass wir uns mit allen anderen Lebewesen auf Erden konkurrenzieren und um unsere Freiheit und Selbstbestimmung kämpfen, sollten wir das Element wechseln und einen Sprung in den Fluss des Lebens machen: Wir sollten uns wie der Wassertropfen mit den anderen verbinden und so gemeinsam in Eleganz und Grazie unserer Bestimmung zustreben.

Ja, das können wir vom Wassertropf lernen: Er bekämpf sich nicht mit seinesgleichen. Er verbindet sich. Und dadurch entsteht etwas, was auf dieser Erde schon seit Milliarden von Jahren Bestand hat.

Und wir Menschen? Wir denken, wir seien so gross, und niemand könne uns das Wasser reichen…

Dabei sind wir verschwindend klein, besonders was unsere Sichtweise auf die Dinge anbelangt, die schon vor unserer Zeit da waren und das

Leben an sich lehrten, im Sinne der Schöpfung
weiterzufliessen…

18 Ende und Neuanfang – der Kreislauf

Wo ein Kreislauf genau anfängt, und wo er aufhört, das kann niemand so genau sagen. Zwar gibt es Leute, die glauben, sie könnten über bessere Argumentation bestimmen, wo etwas seinen Anfang und sein Ende habe. Aber das ist genau so gewagt wie die Behauptung, dass das Ei vor dem Huhn gewesen sei.

Dennoch würden wohl auch viele Menschen behaupten, dass der Wasserkreislauf im Meer ende.

Aber genau so viele behaupten, dass der Kreislauf dort anfange. Kann etwas gleichzeitig Ende und Anfang sein? Und verträgt sich diese Annahme mit der Logik unseres Verstandes?

Unser Verstand ist immer darauf aus, Dinge zu ordnen, zu begrenzen und zu sortieren. Und so denken wir in Währungen, Zeiteinheiten, Massen und Abschnitten.

Aber Wasser könnte uns dabei helfen zu verstehen, dass dieses ständige Aufteilen und Trennen durch uns Menschen vielmehr alles auseinanderreisst, als dass es dabei helfen würde, das Leben als Ganzes zu verstehen.

Würden wir lernen, dass wir etwas in uns tragen, was uns intuitiv verstehen helfen würde, dass das Ganze mehr ist als die Summe aller Teile, dann würden wir in kurzer Zeit sehr viel weiterkommen.

Und da kommen wir vielleicht zu einem Aspekt des Menschen, der ihn vom Element Wasser unterscheidet: Der Mensch hat die Möglichkeit zu lieben. Und über Liebe kann der Mensch die irdischen Gesetzmässigkeiten überwinden und die Welt für alle Lebewesen zu einem besseren Ort machen.

Aber Liebe kennt keinen Anfang und kein Ende. Sie ist einfach. Zwar wirkt sie auf uns wie ein Energiestrom, der verbindet. Aber sie dürfte wohl mehr wie eine Wiege für alles Lebendige sein.

Und so gesehen durchbrechen wir über die Perspektive, die uns die selbstlose Liebe eröffnet, sogar die Gesetzmässigkeiten der ewigen Kreisläufe wie dem des Wassers: Wir erkennen, dass es hinter all der Bewegung und hinter all den Abläufen etwas gibt, was beständig und ewig währt und wirkt. Und innerhalb dieser übergeordneten Gegebenheiten spielen sich Abläufe ab, die wir als gross und mächtig bezeichnen würden. Aber das, worin sie sich abspielen, ist viel grösser, um nicht zu sagen unendlich.

Das Element Wasser ist in seinem Bestehen und seiner Wirkung an einen Planeten gebunden. Die Liebe ist es nicht.

Wenn wir Menschen uns mit Hilfe von dem, was das Wasser uns lehren kann, verbinden, dann gelingt es uns nach und nach, über selbstlose Liebe das Irdische zu überwinden und selbst die Gesetzmässigkeiten des Universums hinter uns zu lassen.

Wasser bereitet etwas in uns vor, was uns einen Perspektivenwechsel und früher oder später einen Neuanfang im Wirkungsfeld des ewigen Lebens ermöglicht. Wir bereiten uns auf diesen Neuanfang vor, indem wir gegebene Kreisläufe über selbstlose Liebe durchbrechen und so auf eine höhere Ebene der Erkenntnis und persönlichen Wahrheit vorstossen dürfen.

Und schon nur die Vorstellung dieser Möglichkeit vor Augen haben zu dürfen, ist ein Glück. Aber noch ein viel grösseres Glück für den Menschen ist es, nach mehr dürsten zu dürfen.

Wie schaffen wir es, dass wir den Durst als Segen, nicht als Leid und Belastung erfahren dürfen?

19 Das Glück des Durstigen

Das, was den Wasserkreislauf antreibt, kennen wir nicht. Manche sagen, es sei die Sonne. Denn sie lässt Wasser verdunsten, lässt Winde entstehen und bringt so alles in Umlauf.

Aber was treibt die Sonne an?

Manche Menschen leben einfach so vor sich hin und sind glücklich dabei.

Aber wohl fast alle Menschen erwachen irgendwann mal aus dieser Sphäre der gegebenen Zufriedenheit und fangen an zu suchen.

Unsere Suche im irdischen Leben gleicht der Suche eines Durstigen nach Wasser.

Durst treibt so lange an, bis das Wasser gefunden werden konnte oder der Tod eingetreten ist.

Und selbst wenn das Wasser gefunden wurde, dann kommt der Durst früher oder später trotzdem wieder.

Wir können an der Quelle verweilen und warten, bis uns dürstet. Dann trinken wir und warten wieder. Aber das ist nicht die Art des Lebens, wie wir sie uns vorstellen.

Und so verlässt der Mensch immer wieder die Quelle, um mehr zu sehen und mehr zu erleben. Und dennoch kehrt er in regelmässigen Abständen immer wieder zur Quelle zurück.

Ja, wir suchen. Und wenn wir gefunden haben, dann verweilen wir eine Zeitlang, bis unser Durst wieder neu aufkommt. Und dann suchen wir erneut weiter, um wieder trinken zu können.

Wahrscheinlich trinken wir immer von derselben Quelle. Aber weil wir im Leben ständig vorwärtsschreiten, verändert die Quelle für uns ihre Erscheinung. Und so kommt uns die Quelle immer wieder anders vor, womöglich noch schöner und wertvoller als zuvor.

Dies dürfte die Art und Weise sein, wie das Leben uns voranträgt und uns selbst zum Diamanten schleift. Indem wir das Glück des Durstigen, immer weitersuchen zu dürfen, ständig in uns tragen, werden wir von äusseren Umständen durch unsere Entwicklung zum Diamanten geschliffen. Das ist ein Glück. Denn es gibt dem Leben einen Sinn und macht uns dennoch frei.

Wir sollten niemals vergessen, dass alles auf Erden seine Grenzen hat. Und alles ist diesen Grenzen unterworfen, selbst das Wasser.

Wir aber können noch weitergehen. Und indem wir die irdischen Gesetzmässigkeiten überwinden und immer weiter nach der Quelle suchen, finden wir unser Glück. Aber unser Glück ist nicht das Ende. Es ist viel mehr das Glück, immer wieder durstig werden zu dürfen. Tag für Tag, Leben für Leben, Ewigkeit um Ewigkeit...

20 Ausblick

Der Wirkungen des Wassers im Alltag gibt es viele. Von der WC-Spülung bis hin zur automatischen Autowaschanlage gibt es sehr vieles, was sich Wasser zunutze macht, um uns Menschen zu dienen.

Wir hätten also dieses Büchlein damit anfüllen können, dass wir all diese irdischen Wirkungen des Wassers aufgezählt hätten. Dies hätte uns beschäftigt, und es hätte sicher viel zu schreiben gegeben. Aber hätten wir am Ende mehr gewusst? Bringt es etwas, das aufzuschreiben, was jeder selbst mit seinen eigenen Augen sehen und beobachten kann?

Stattdessen scheint es, als hätte der Autor in diesem Büchlein ein anderes Extrem gewählt: Er hat von Dingen geschrieben, die so weltfremd und abstrus wirken, dass man sich manchmal fast fragen muss, was denn der Autor geraucht hat…

Wenn der ungestillte Durst nach mehr ein Glück sein soll, dann findet dieses Glück nur Erfüllung darin, dass der Durst immer wiederkommt. Und damit er immer wiederkommen und sich dadurch wandeln und entwickeln kann, muss er zwischenhinein gestillt werden. Sonst steht die Entwicklung dieser Art von Glück still.

Wenn in diesem Büchlein hier nicht alltägliche Herangehensweisen gewählt wurden, und wenn auf so schwer fassbare Dinge wie die Wirkung des Aspektes Wasser in unseren Emotionen hingewiesen wurde, dann darum, weil solche Hinweise dem Suchenden als Wegweiser auf seiner Schatzkarte dienen können. Auf der Schatzkarte sind die Quellen mit roten Kreuzen markiert. Aber um sie in der Wirklichkeit finden zu können, muss man die Informationen auf der Schatzkarte mit der Realität in Verbindung bringen lernen. Und dazu braucht es die Hinweise. Nur wer sich sicher ist, den richtigen Ausgangspunkt gefunden zu haben, kann den Weg gehen, der auf der Karte des Lebens vorgeben und eingezeichnet ist. Wer am falschen Ort startet, wird immer umherirren und nach dem Ausgangspunkt selbst suchen, anstatt nach der Quelle.

Je mehr Menschen nach der Quelle zu suchen beginnen, und diese von Zeit zu Zeit auch finden, je besser geht es der Menschheit insgesamt. Denn wer eine Quelle gefunden hat, und seinen Durst stillen konnte, der kann anderen aufgrund seiner Erfahrung Hinweise hinterlassen.

Und so suchen wir uns unseren Weg, genauso wie der Wassertropf seinen Weg sucht. Und irgendwann mal werden wir über genügend

Erfahrung und Erkenntnis verfügen, auf dass wir unseren eigenen Weg gehen und finden können, ohne, dass wir auf Hinweise anderer angewiesen sind, die vor uns nach Quellen gesucht haben. Aber dabei wird immer das Meer das Ziel sein. Es dürfte sich um das Meer der Glückseligkeit handeln.

Wenn ein Ausblick gewagt werden darf, dann der, dass die Menschheit immer mehr darauf aus sein wird, dass nicht alle Individuen die gleiche Quelle suchen und finden sollen, sondern dass jeder seine eigene, persönliche Quelle finden darf. Und da jede Quelle der Anfang eines grossen Kreislaufes sein kann, dürften wir uns rein theoretisch auf ein goldenes Zeitalter freuen!

Dann, wenn Inspiration und Glück einen grossen Teil unseres Lebens ausmachen, weil jeder in Selbstbestimmung und Freiheit selbst seinen Weg gehen darf, weil er seine persönliche Inspiration gefunden hat, wird der Aspekt des Wassers in uns Menschen mehr Wirkung entfalten und uns miteinander verbinden können.

Bis dahin nutzen wir die Kraft, die der Durstige immer wieder aufbringt, um nach seiner Quelle zu suchen.

Sicherlich, manche haben ihre Quelle schon gefunden. Aber weil sie weise sind, erzählen sie nichts davon. Sie hinterlassen nur Hinweise…

21 Schlusswort

Wir haben dieses Büchlein mehr oder weniger mit der Information begonnen, dass Wasser nicht nur unseren Durst stillt, sondern dass es uns auch hilft, unsere verschiedenen Körper zu reinigen und reinzuhalten.

Mit dieser Information wollen wir nun dieses Büchlein auch wieder abschliessen.

Wer etwas erreichen will, der muss immer zuerst die Voraussetzungen dafür erarbeiten, damit er überhaupt erst in die Lage kommt, das zu erreichen, worauf er es absieht.

Wer in diesem Erdenleben Geheimnisse zu entdecken wünscht, die ihm als Quelle dienen, der muss darum auch zuerst mal an seinen Voraussetzungen arbeiten.

Jede Fähigkeit kann nur auf Basiswissen und auf Übung, also personifizierte Erfahrung aufgebaut werden.

Wer den verborgenen Aspekt des Wassers in sich zu entdecken und zu entwickeln wünscht, der benötigt darum höchstwahrscheinlich auch über Wissen und persönliche Erfahrung.

Ein Teil des Wissens konnte über dieses Büchlein weitergereicht werden; wenn wohl auch etwas zwischen den Zeilen versteckt. Die Erfahrung aber muss jeder selbst machen.

Erfahrungen entstehen, indem man bewusst und achtsam durchs Leben geht. Indem man beobachtet, reflektiert und analysiert.

Aber die Voraussetzungen dafür erschafft man sich nur über physische, psychische und geistige Reinheit.

Wer danach strebt, die Naturgesetze zu beherrschen, der muss zuerst lernen, ihnen zu gehorchen.

Und wer der Natur gehorcht, der strebt nach Reinheit auf allen Ebenen. Denn dadurch erwacht ein Mensch zu dem, was ihm als Schöpfung Gottes gebührt.

Das Potenzial eines Menschen kann sich erst offenbaren und entwickeln, wenn ein Zustand der Sauberkeit und Reinheit in allen Bereichen des Seins gefunden werden konnte.

Und darum sollten wir das Wasser nutzen, um zuerst unseren Körper zu waschen. Salz unterstützt dabei. Danach tun wir gut daran, über positives Denken unseren Geist von all den schädlichen Gedankenmustern zu reinigen. Auch dabei hilft uns das Wasser in diverser Weise; wir haben davon gelesen.

Und wenn unser Geist reiner ist, dann verschwinden auch die negativen Emotionen und machen den positiven Gefühlen Platz, die uns dabei helfen, die Suche nach weiteren Hinweisen aufzunehmen.

Die essentielle Wirkung von Wasser dürfte also sein, dass es uns dabei hilft, die Voraussetzungen dafür zu erreichen, die Suche unseres Lebens beginnen zu dürfen, indem es uns in einen Zustand bringen und diesen erhalten hilft, der uns hohes Denken und Fühlen aufgrund genügend positiver Lebensenergie ermöglicht. Verunreinigungen durch negative Energien wirken hemmend. Darum sollten wir sie der reinigenden Wirkung des Wassers übergeben und so unser Potenzial erhöhen.

Wer weiss, was Reinheit in Geist und Körper ermöglicht, der erkennt die Bedeutung, die in diesem Kapitel hier verborgen liegt.

Aber auf eines sei hier noch hingewiesen. Wer aufgrund von Reinheit über mehr Energie verfügt, der ist anderen durch diese erfüllten Voraussetzungen überlegen. Wer diese Überlegenheit zum Selbstvorteil ausnutzt, der wird scheitern und einen Umweg machen müssen. In schlimmen Fällen wird er sogar weit zurückgeworfen werden und wir von vorn beginnen müssen.

Darum sollte man nicht mit dem Feuer spielen, wenn man sich die Vorteile zu Nutzen macht, die das Wasser uns bringt.

Wasser lehrt, befähigt und ermächtigt. Aber ewigen Nutzen kann nur derjenige daraus ziehen, der all diese Vorteile wieder herzugeben bereit ist.

Alles Gute auf dem Weg, den der Durstige immer wieder geht! Und viel Freude und Genugtuung dabei, wenn aus einer neu gefunden Quelle kühles, klares Wasser geschöpft und getrunken werden darf!

Anmerkung:

Wasser verkörpert den weiblichen Aspekt in uns. In der deutschen Sprache aber ist Wasser geschlechtsneutral, also sächlich.

Feuer verkörpert den männlichen Aspekt in uns. Auch Feuer ist in der deutschen Sprache sächlich und somit geschlechtsneutral.

Wer innere Ganzheit erlangt, dem ist es gelungen, die weiblichen und männlichen Anteile seines Wesens miteinander so in Einklang zu bringen, dass dafür die Voraussetzungen geschaffen werden, dass grosse Geheimnisse offenbart und unbekannte, persönliche Quellen gefunden werden können.

So gesehen macht es wenig Sinn, wenn in einem Buch, das solche Prozesse anstrebt, immer wieder die weibliche und die männliche Form erwähnt wird. Denn das könnte die gesamtheitliche Entwicklung eines Menschen behindern.

Vielleicht aus diesem Grunde hat der Autor weitgehend darauf verzichtet, die sprachlich formellen Vorgaben in Bezug auf die Gleichstellung beider Geschlechter in diesem Büchlein zu berücksichtigen. Er entschuldigt sich dafür.

Er erlaubt sich aber auch, darauf hinzuweisen, dass dank dieser Verfehlung der Lesefluss dieses Büchleins erleichtert wird, und dass gleichzeitig dadurch eine Persönlichkeitsentwicklung begünstigt wird, die zu weitaus mehr führt als zu einer formellen Gleichstellung!

Dann, wenn nicht Frauen oder Männer, sondern ganzheitlich entwickelte Seelenwesen Selbstermächtigung finden und diese zum Wohle der Menschheit einsetzen, dann werden Ungerechtigkeiten in Bezug auf die Geschlechterfrage bereits weit hinter uns liegen…

Titelverzeichnis des Verlags denkmalnach.ch

Die Titel sind wie folgt erhältlich:

- Als **Taschenbuch** zurzeit nur bei **amazon.de**
- Als **E-Book** im *Kindle*-Format bei **amazon.de** und immer mehr auch als *ePub* für **Tolino** bei **Weltbild, Thalia, Hugendubel etc.**
- Teilweise als **Hörbuch** bei fast allen Anbietern

Verlag: www.denkmalnach.ch

Autor und Suchbegriff: Michael von Känel

Bücher der Reihe *Die Wirkung von…* :

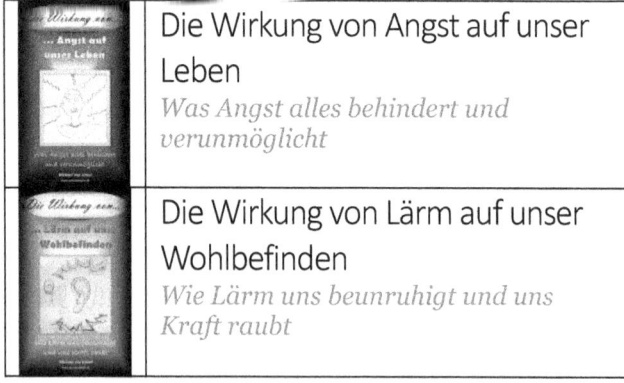

	Die Wirkung von Angst auf unser Leben *Was Angst alles behindert und verunmöglicht*
	Die Wirkung von Lärm auf unser Wohlbefinden *Wie Lärm uns beunruhigt und uns Kraft raubt*

	## Die Wirkung von Musik auf unsere Selbstwahrnehmung *Wie Musik uns zentriert und beruhigt*
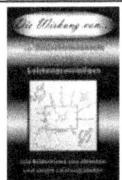	## Die Wirkung von Bildschirmkonsum auf unser Leistungsvermögen *Wie Bildschirme uns ablenken und unsere Leistung senken*
	## Die Wirkung von Sport und Bewegung auf unsere Ausgeglichenheit *Was Sport bewirkt und wann er nützt*
	## Die Wirkung von Mode auf unsere Selbstachtung *Wie Mode uns beeinflusst und fremdbestimmt*
	## Die Wirkung von Gewohnheit auf unsere Lebensführung *Was Gewohnheiten uns geben - und was sie uns nehmen*
	## Die Wirkung von Wasser auf unsere Gesundheit *Wie Wasser nicht nur unseren Durst stillt*

	## Die Wirkung von guter Luft auf unseren Körper *Wie frische Luft uns beflügelt*
	## Die Wirkung von Reisen auf unsere Konzentration *Wie Reisen und Pendeln uns müde machen*

Bücher der Reihe *Spirituelles Wissen*:

	## Meditieren *Eine Annäherung an Sinn und Zweck des Meditierens*
	## Heilen *Ein Crashkurs in energetischem Heilen*
	## Heilen 2 *Unterstützende Ausführungen zum Crashkurs energetisches Heilen*
	## Heilen 3 *Anwendungsbeispiele mit Skizzen zum Crashkurs energetisches Heilen*

Heilen 4

Grundsätze der Energiearbeit und des energetischen Heilens

Heilen 5

Veranschaulichungen von Heilprozeduren und Heilungsprozessen

Sterben

Der Tod als unsere wahre Lebensversicherung

Der Antichrist

Der Versuch über unser Ego den Teufel zu erklären

Die innere Stimme

Wie wir uns von ihr führen lassen und ihr vertrauen lernen können

Die geistige Welt

Warum die Realität nicht mehr als ein Traum ist

Die Bewusstheit zu sein

Schranken des Lebens ablegen, um frei zu sein

	## Weisheit – Perlen und Irrtümer *Wie Weisheit erhebt oder verblendet*
	## Quo vadis? *Geheimnisse über den Weg, den wir gehen*
	## Heilen 6 *Energetisches Heilen und damit verbundene umfassendere Sichtweisen*

Bücher der Reihe *Gesellschaft verstehen*:

	## Leben statt Arbeiten *Wofür es sich zu arbeiten lohnt und wofür nicht*
	## Selbstwirksamkeit *Wie uns der gekaufte Komfort unserer Selbstbestimmung beraubt hat*
	## Moderne Versklavung *Wie und wodurch wir täglich versklavt werden*

Die Illusion wegessen
Überlegungen darüber, wie unsere Ernährung uns blendet

Tricks aus der Chefetage
Kaderbildung aus Sicht der Mitarbeitenden – und was es sonst noch über Hierarchien zu lernen gibt

Verbundenheit
Ein möglicher Einblick in die Welt des Seins

Was einen Menschen ausmacht
Über die innere Schönheit im aussen

Das Veilchen am Wegrand
Warum die Liebe im Detail steckt

Menschenwürde
Wir spiegeln uns in denen um uns herum

Bücher der Reihe «*Augenmerk Hochsensibilität*»:

	Band 1 – Portrait eines hochsensiblen Menschen *Einblick in den Werdegang und die Erfahrungen eines feinfühligen Menschen*
	Band 2 – Die Wahrnehmung eines hochsensiblen Menschen *Wie und was hochsensible Menschen wahrnehmen können und warum*
	Band 3 – Hochsensibilität in Verbindung mit Achtsamkeit *Was alles möglich wäre aus Sicht eines hochsensiblen Menschen*

Bücher der Reihe «*Vision 3000*»:

	Vision 3000 Band 1 – Die Welt ist im Wandel *Es stehen Veränderungen an...*
	Vision 3000 Band 2 – Veränderungen machen uns zu schaffen *Neue Denkansätze helfen*
	Vision 3000 Band 3 – Neue Denkansätze sind gefragt *Der Mensch hat das Potenzial zu antworten*

Romanserie mit spirituellem Hintergrund
Tränen des Drachen:

TRÄNEN DES DRACHEN I	**Tränen des Drachen – Band 1** *Comfortably numb – Angenehm berauscht*
TRÄNEN DES DRACHEN II	**Tränen des Drachen – Band 2** *Seventh Son of a seventh Son –* *Der siebte Sohn des siebten Sohnes*
TRÄNEN DES DRACHEN III	**Tränen des Drachen – Band 3** *Stairway to Heaven – Die Himmelsleiter*
TRÄNEN DES DRACHEN IV	**Tränen des Drachen – Band 4** *Child in Time –Ein Kind der Zeit*
TRÄNEN DES DRACHEN V	**Tränen des Drachen – Band 5** *Warriors of the World – Krieger der* *Erde*
TRÄNEN DES DRACHEN VI	**Tränen des Drachen – Band 6** *The Good, the Bad and the Ugly –* *Der Gute, der Böse und das Hässliche*
TRÄNEN DES DRACHEN VII	**Tränen des Drachen – Band 7** *Holy Diver – Geweihter Taucher*

Serie *Philosophie und Bildung*:

	Philosophie und Bildung – Band 1 *Die Quadratur des Kreises* *20 Aufsätze zu Alltagsthemen – Neue* *Denkansätze für frische Köpfe*
	Philosophie und Bildung – Band 2 *Vom Blitz getroffen* *20 weitere Aufsätze zu Alltagsthemen –* *Neue Denkansätze für frische Köpfe*
	Philosophie und Bildung – Band 3 *Schwarzer Diamant* *20 weitere Aufsätze zu Alltagsthemen –* *Neue Denkansätze für frische Köpfe*
	Die kleine Maus *20 Naturgeschichten zum Nachdenken für* *Kinder und Erwachsene*
	Richtig (v)erziehen *Warum lieb sein zu Kindern böse ist*
	Lehrermangel *Warum der Lehrerberuf so anstrengend ist*

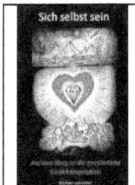

Sich selbst sein
*Auf dem Weg in die persönliche
Unabhängigkeit*

Serie *Arbeitsbücher der Achtsamkeit*:

Arbeitsbuch der 7 Schlüssel
*Charakterbildung leicht gemacht – Der Weg
ans Licht*

Arbeitsbuch der Wahrheit
Warum Lügen kurze Beine haben

Arbeitsbuch des Beobachtens und Wahrnehmens
*Lernen zu entdecken, zu erkennen und zu
begreifen*

Serie *Übungsbücher der Achtsamkeit*:

Übungsbuch der Spiritualität
*30 Übungen zum Erfahren spiritueller
Aspekte*

Übungsbuch der Achtsamkeit
*30 Übungen zum Erfahren, Beobachten und
Wertschätzen*

	Übungsbuch der Selbstwirksamkeit *30 Übungen zum Erkennen, was möglich* *sein könnte*

Serie *The Best - The Rest – The Rare*:

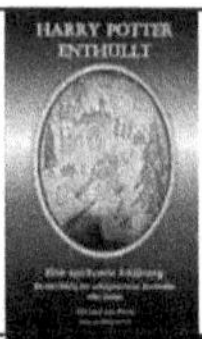	**Harry Potter enthüllt** *Eine spirituelle Erklärung für den Erfolg der* *erfolgreichsten Buchreihe aller Zeiten*
	**Gesammelte Gedichte** *40 gesammelte Gedichte mit Tiefgang, aus* *der Feder der Autorengemeinschaft* www.denkmalnach.ch
	**E-Bike to work** *Wie das Elektrovelo mein Leben verändert* *hat*
	**Ein Quantum Trost** *Für jeden Tag ein Bild und eine Aussage, um* *sich an die Hoffnung zu erinnern*
	**30 Do or Don'ts** *Warum wir Dinge tun sollten und warum* *nicht*

Bücher der Reihe *Erfolgreich durchs Leben*:

*Bereits komplett **als Hörbuch** erhältlich!*

	Teil 1 - Erfolgreich leben 1: Lernen mit Geld umzugehen; *Grundwissen über Geld und den Umgang damit als Basis für mehr Selbstwirksamkeit*
	Teil 2: Erfolgreich leben 2: Selbstsicherheit aufbauen; *Hinstehen und ohne Unsicherheit sich selbst sein dürfen*
	Teil 3: Erfolgreich leben 3: Effizient Lernen; *Grundsätze des Lernens, die den Wissenserwerb erleichtern helfen*
	Teil 4: Erfolgreich leben 4: Sich Ziele setzen können; *Warum man Ziele nur erreichen kann, wenn man welche hat*
	Teil 5: Erfolgreich leben 5: Absichten durchschauen; *Was hinter dem Verhalten anderer Menschen und Institutionen steht*
	Teil 6: Ursache und Wirkung 1: Übergewicht verstehen; *Wie Übergewicht zustande kommt - und was man tun kann*
	Teil 7: Ursache und Wirkung 2: Streit entlarven; *Warum gestritten wird und wie man Streit vermeidet*

	Teil 8: Ursache und Wirkung 3: Trägheit ablegen; *Wie man den Weg zu einem aktiv gestalteten Leben findet*
	Teil 9: Ursache und Wirkung 4: Überdruss loswerden; *Lernen, die Dinge in einem positiven Licht zu erblicken*
	Teil 10: Ursache und Wirkung 5: Mangel beheben; *Vom inneren Mangel, der zu äusseren Mangelerscheinungen führt*
	Teil 11: Glücklich leben 1: Freundlichkeit und Anstand; *Wie uns freundlicher und guter Umgang die Türen öffnet*
	Teil 12: Glücklich leben 2: Dankbarkeit; *Warum Dankbarkeit die Grundlage für ein glückliches Leben ist*
	Teil 13: Glücklich leben 3: Hilfsbereitschaft; *Was unsere Hilfe für andere Menschen bedeutet*
	**Teil 14: Glücklich leben 4:** Nächstenliebe; *Warum Nächstenliebe bei Selbstliebe beginnt und uns so das Glück finden lässt*
	**Teil 15: Glücklich leben 5:** Ethik und Moral; *Warum die ungeschriebenen Gesetze des Zusammenlebens für unser Glück so wichtig sind*

Die Klappentexte zu den einzelnen Büchern sowie die Serienbeschreibungen sind in den Online-Shops beim jeweiligen Titel aufrufbar.

Verlag: www.denkmalnach.ch

Autor: Michael von Känel

Herzlichen Dank, dass Sie den Verlag unterstützen und weiterempfehlen!